BestMasters

Ömer Dönmez

Entwicklung eines Automated Valet Parking Systems im Rahmen des Forschungsprojekts ANTON

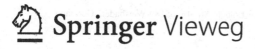

Ömer Dönmez
CARISSMA Institute of Safety in Future
Mobility (C-ISAFE)
Technische Hochschule Ingolstadt
Ingolstadt, Deutschland

Die Ergebnisse dieser Masterarbeit sind im Rahmen des Forschungsprojekts ANTON entwickelt worden. Das Projekt wurde innerhalb der Forschungspartnerschaft SAFIR im Rahmen der Förderlinie FH-Impuls vom Bundesministerium für Bildung und Forschung finanziert (FKZ 13FH7E03IA).

ISSN 2625-3577   ISSN 2625-3615 (electronic)
BestMasters
ISBN 978-3-658-43116-7   ISBN 978-3-658-43117-4 (eBook)
https://doi.org/10.1007/978-3-658-43117-4

Die Deutsche Nationalbibliothek verzeichnet diese Publikation in der Deutschen Nationalbibliografie; detaillierte bibliografische Daten sind im Internet über http://dnb.d-nb.de abrufbar.

Planung/Lektorat: Carina Reibold
Springer Vieweg ist ein Imprint der eingetragenen Gesellschaft Springer Fachmedien Wiesbaden GmbH und ist ein Teil von Springer Nature.
Die Anschrift der Gesellschaft ist: Abraham-Lincoln-Str. 46, 65189 Wiesbaden, Germany

Das Papier dieses Produkts ist recyclebar.

Zusammenfassung

Automated Valet Parking (AVP) Systeme entbinden den Fahrer vom gesamten Parkprozess. Das Ein- sowie Ausparken wird vom System automatisiert durchgeführt. Aufgrund der trivialen Verkehrsregeln und der geringen Geschwindigkeiten auf Parkplätzen sind AVP Systeme prädestiniert für das erste kommerzielle Assistenzsystem mit dem SAE Level 4. Viele der heute bekannten Systeme setzen dabei auf eine Kombination aus Sensoren aktueller Fahrzeuge mit Sensoren der Infrastruktur. Zu diesem Zweck werden Parkanlagen mit umfassender Sensorik ausgestattet, um die Fahrzeuge bei der Umgebungserfassung und Routenplanung zu unterstützen.

Das Ziel dieser Arbeit ist der Entwurf eines AVP Systems, welches einen minimalen Aufwand für die Anpassung und Erweiterung der Infrastruktur erfordert. Somit soll zeitgleich aktuelle Fahrzeugtechnik verwendet werden, um AVP Systeme insgesamt rentabler zu gestalten. Zu diesem Zweck wird das Forschungsfahrzeug aus Projekt ANTON herangezogen. Dies ist ein modifizierter Renault Twizy. Zusätzlich zur Serienausstattung besitzt das Fahrzeug acht Kameras, einen Lidar- sowie einen Radarsensor, einen GNSS-Empfänger inklusive IMU und drive-by-wire Funktionalitäten.

Zu Beginn werden die Grundlagen beschrieben, um die Funktionsweise und den Nutzen von AVP Systemen zu beleuchten. In diesem Zusammenhang wird die experimentelle Plattform ANTON vorgestellt. Hierbei wird das Forschungsfahrzeug präsentiert, welches in der abschließenden Simulation verwendet werden soll. Dabei wird zusätzlich der zu verwendende Software-Stack für automatisiertes Fahren (AF-Stack) Autoware.AI präsentiert. Anschließend werden Anforderungen an das AVP System gestellt, wodurch das System im Folgenden entworfen und eingegrenzt werden kann. Hiernach wird das AVP System in der Simulation umgesetzt und parallel dargestellt, wie die Anforderungen durch Autoware.AI erfüllt werden können. Abschließend zeigt die Darstellung der Simulationsergebnisse, ob die geforderten Funktionalitäten umgesetzt werden konnten. Weiterhin konnten während der Entwicklung und der Absicherung Herausforderungen in der Lokalisierung des Fahrzeugs, der Erstellung der Costmap und der Bewegungsrichtung identifiziert werden.

Diese Masterarbeit präsentiert ein funktionierendes AVP System mit der Einschränkung, dass das Fahrzeug nicht rückwärts fahren kann. Der vollumfängliche Systementwurf stellt dar, dass die Parkanlage mindestens um eine Kommunikationseinheit erweitert werden muss, um ein ausreichend sicheres und rentables AVP System zu entwickeln. Weiterführende Arbeiten können den verwendeten AF-Stack Autoware.AI um die Funktionalität des Rückwärtsfahrens erweitern und das System einem Realversuch unterziehen, um es ebenso für realitätsnahe Umgebungsbedingungen abzusichern.

Inhaltsverzeichnis

Abkürzungsverzeichnis

ACD	Autonomous Cargo Delivery
ADAS	Advanced Driver Assistance System
AI	Artificial Intelligence
API	Application Programming Interface
AVP	Automated Valet Parking
CAN	Controller Area Network
CoP	Code of Practice
DNN	Deep Neural Network (Tiefes neuronales Netz)
EVA	Eingabe Verarbeitung Ausgabe
FMEA	Failure Mode and Effects Analysis (Fehlerzustands- und Einflussanalyse)
GNSS	Global Navigation Satellite System
GPS	Global Positioning System
IMU	Inertial Measurement Unit
ISO	International Organization for Standardization
LIDAR	Light Detection and Ranging
LTE	Long Term Evolution
NDT	Normal Distribution Transformation
ODD	Operational Design Domain
POI	Point of Interest
RADAR	Radio Detection and Ranging
ROS	Robot Operating System
SAE	Society of Automotive Engineers
SLAM	Simultaneous Localization And Mapping
WiFi	Wireless Fidelity

Abbildungsverzeichnis

Tabellenverzeichnis

Listingverzeichnis

Motivation und Zielsetzung

Eine Inrix Studie [1] aus dem Jahre 2017 zeigt, dass Kraftfahrzeugführer in Deutschland im Jahr durchschnittlich 41 Stunden damit verbracht haben, einen Parkplatz zu finden. In Frankfurt waren es durchschnittlich sogar 65 Stunden im Jahr. Die zusätzliche Zeit bei der Parkplatzsuche resultiert in zusätzlichem Kraftstoffverbrauch, was wiederum erhöhte Emissionen und Kosten zur Folge hat. Dadurch verliert der deutsche Fahrer durchschnittlich 896 Euro im Jahr. Seit 2017 ist die Anzahl der Kraftfahrzeuge in Deutschland um rund 7 % gestiegen, was ein Wachstum von 4 Millionen Fahrzeugen bedeutet [2] [3], wodurch die Parkplatzsuche für alle womöglich weiter verlängert wird.

Smarte Assistenzsysteme können dem Fahrer die Parkplatzsuche bereits heute mit bestimmten Fahrzeugen in ausgewählten Parkanlagen komplett abnehmen. Das Problem hierbei ist die limitierte Zugänglichkeit zu dieser Technologie, weil Fahrzeuge sowie Parkanlagen entsprechend ausgestattet sein müssen. Denn viele der heute bekannten Systeme verwenden neben der Sensorik im Fahrzeug zusätzlich Sensoren innerhalb der Parkanlage. Dabei besitzen aktuelle Fahrzeuge bereits die notwendigen Sensoren. Für Parkraumbetreiber hingegen entstehen hierdurch meist hohen Kosten, da die entsprechende Sensorik in die Parkanlage integriert werden muss, weshalb sich viele Parkraumbetreiber schließlich gegen die Implementierung eines solchen Systems in ihren Parkanlagen entscheiden.

Die vorliegende Abschlussarbeit soll deshalb den Stand der Technik aktueller sogenannter Automated Valet Parking (AVP) Systeme analysieren. Ausgehend vom Forschungsfahrzeug des Projektes ANTON sollen die Mindestanforderungen an ein AVP System mit minimaler Erweiterung der Parkanlage untersucht werden. In diesem Zusammenhang soll die Frage beantwortet werden, wie Fahrzeuge und Parkanlagen mindestens ausgestattet sein müssen, um ein solches AVP System zu entwickeln. Das Ziel dieser Arbeit ist die Darstellung eines allgemeinen Ansatzes

Ö. Dönmez, *Entwicklung eines Automated Valet Parking Systems im Rahmen des Forschungsprojekts ANTON*, BestMasters, https://doi.org/10.1007/978-3-658-43117-4_1

zur Entwicklung eines vollumfänglichen Systems inklusive einer Anforderungsanalyse, eines Systementwurfs sowie einer Gefahrenanalyse und Risikobewertung.
Zusätzlich soll die Funktionsweise eines rentablen AVP Systems mit minimalem
Entwicklungsaufwand, bezogen auf die notwendige Technologie der Parkanlagen,
in einer Simulationsumgebung präsentiert werden.

Im Rahmen dieser Masterarbeit wurde das Konzept eines AVP Systems entwickelt und zu Demonstrationszwecken in einer Simulation umgesetzt. Die Ergebnisse
der Simulation wurden abschließend evaluiert, um zum einen eine Aussage über die
Funktionsweise treffen zu können und zum anderen zukünftige Weiterentwicklungs-
möglichkeiten erarbeiten zu können.

Grundlagen und Vorgehensweise

2

Dieses Kapitel dient zur Einführung der grundlegenden Aspekte, welche für das Verständnis der darauf folgenden Kapitel notwendig sind. Hierfür werden zunächst AVP Systeme im Allgemeinen definiert, sowie ihre Funktionsweise, inklusive des zu erwartenden Nutzens dargestellt. Dies wird im Anschluss anhand dreier Beispiele für mögliche Umsetzungen vertieft. Dabei werden die spezifischen Funktionsweisen beleuchtet und dargestellt, welche Sensoren für die jeweiligen Systeme verwendet wurden. Im diesem Zusammenhang werden die Systeme miteinander verglichen und ihre Vor- und Nachteile ermittelt. Hiernach wird die experimentelle Plattform ANTON vorgestellt. Hierbei wird zunächst der aktuelle Status des Projektes dargelegt. Danach wird untersucht, welcher Software-Stack für automatisiertes Fahren (AF-Stack) für die Umsetzung des AVP Systems verwendet werden soll. Dabei werden drei verfügbare AF-Stacks präsentiert und miteinander verglichen. Auf Grundlage der umzusetzenden Aufgabe und der zukünftigen Weiterentwicklung der Plattform ANTON wird eine Auswahl getroffen, wonach die Funktionsweise des dedizierten AF-Stack näher betrachtet wird.

2.1 Einführung in AVP Systeme

Zuallererst werden die Grundlagen von AVP Systemen betrachtet. Hierbei wird der Begriff des AVP Systems zunächst definiert, um das System in eines der allgemein bekannten Level der Automatisierung einordnen zu können. Anhand eines einfa-

Ergänzende Information Die elektronische Version dieses Kapitels enthält Zusatzmaterial, auf das über folgenden Link zugegriffen werden kann https://doi.org/10.1007/978-3-658-43117-4_2.

3

Ö. Dönmez, *Entwicklung eines Automated Valet Parking Systems im Rahmen des Forschungsprojekts ANTON*, BestMasters, https://doi.org/10.1007/978-3-658-43117-4_2

chen Beispiels wird im Anschluss die grundlegende Funktionsweise beschrieben, bevor die Vorteile von AVP Systemen im Gegensatz zum manuellen Parken und zu konventionellen Parkassistenten erläutert werden. Anschließend werden drei konkrete Systeme aus der Industrie und der Forschung näher betrachtet und miteinander verglichen, um ihre individuellen Vor- und Nachteile aufzuzeigen.

2.1.1   Definition, Funktionsweise und Nutzen

Valet Parking beschreibt einen meist kostenpflichtigen Service, bei welchem das Fahrzeug zum Parken an einen entsprechenden Mitarbeiter abgegeben werden kann. Diesem Vorbild folgen AVP Systeme, mit dem entscheidenden Unterschied, dass das Manövrieren zum Parkplatz, sowie das Einparken ohne jegliche Interaktion eines Menschen erfolgt. Die *SAE International* definiert in ihrer Norm J3016 [4] sechs Level der Automatisierung, indem sie die Rollen des menschlichen Benutzers und der automatisierten Fahrfunktion miteinander vergleichen. Änderungen der Leistungsfähigkeit der Fahrfunktion beeinflussen zwangsläufig die Rolle des menschlichen Benutzers. Dabei definiert die SAE Level von 0 (= Keine Automatisierung) bis 5 (= Vollautomatisiert). Parallel zum Level wird die sogenannte Operational Design Domain (ODD) einer Assistenzfunktion definiert. Dabei beschreibt die ODD anhand von sechs Abstraktionsebenen das gültige Anwendungsgebiet und -szenario, indem der Nutzungskontext und das Nutzungsziel klar definiert und somit auch eingeschränkt werden. AVP Systeme lassen sich in diesem Zusammenhang dem SAE Level 4 zuordnen. Die ODD lässt sich im Allgemeinen als Parkplatz mit statischen und dynamischen Fahrzeugen beschreiben. Je nachdem, ob es sich um ein überdachten Parkplatz handelt, spielt das Wetter und die Umwelt entsprechend auch eine Rolle in der Beschreibung der ODD. SAE Level 4 bedeutet konkret, dass der Fahrer das aktive System nicht mehr überwachen muss. Somit muss das System potenzielle Probleme aufgrund von auftretenden Fehlern selbstständig lösen. Dies unterscheidet ein Level 4 System von einem Level 3 System, bei welchem die Kontrolle in komplexen Situationen dem Fahrer übergeben werden kann [4]. Bei AVP Systemen muss der Benutzer das Fahrzeug lediglich an definierten Orten vor dem Parkplatz, auch Drop-Off Zonen genannt, verlassen und den Parkprozess initiieren [5]. Möchte der Nutzer die Parkanlage im Anschluss verlassen, so startet er den Abholprozess, woraufhin das Fahrzeug zur sogenannten Pick-Up Zone fährt, wo der Nutzer schließlich einsteigen und losfahren kann. Die ersten Parkassistenten waren lediglich in der Lage die Lenkeingriffe für das Einparken zu übernehmen, während sich der Fahrer um die Längsführung des Fahrzeugs kümmert. Diese Assistenten sind dem SAE Level 1 zuzuordnen. Aktuellere Assistenzfunktionen zur

Unterstützung des Parkprozesses übernehmen das Einparken komplett, nachdem der Fahrzeugführer an einer passenden Parklücke vorbeigefahren ist. Diese Parkassistenten entsprechen folglich dem SAE Level 2.

Abbildung 2.1 zeigt die Funktionalität eines AVP Systems für das Einparken in Garagen auf privatem Gelände. Hierbei soll das System das Fahrzeug entweder selbstständig einparken (s. Abbildung 2.1 (a)), oder es aus dem Parkplatz hinausfahren (s. Abbildung 2.1 (b)) [6]. Andere Ansätze untersuchen und realisieren aber auch die Möglichkeit der Entwicklung von AVP Systemen für gewerbliche Parkanlagen. Beispiele solcher Systeme werden später im Text in Abschnitt 2.1.2 näher erläutert.

Bei der Realisierung eines AVP Systems gibt es grundsätzlich zwei Möglichkeiten der Informationsgewinnung. Einerseits können Daten fahrzeugeigener Sensoren verwendet werden, um das Fahrzeug sicher zum Parkplatz zu bewegen. Hierfür

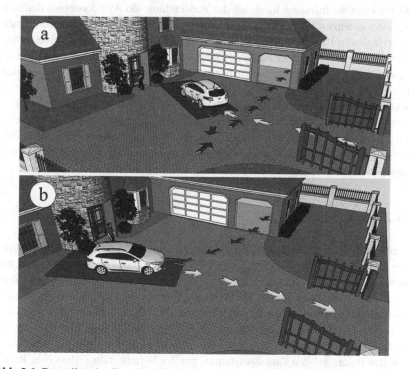

Abb. 2.1 Darstellen des Funktionsprinzips eines AVP Systems. (a) Manuelles Fahren zur Drop-Off Zone und autonomes Einparken, (b) Autonomes Ausparken zur Pick-Up Zone und manuelles Fahren [6]

können beispielsweise eingebaute Radar-, Ultraschall-, Lidar- oder Kamerasensoren verwendet werden. Zum anderen lassen sich infrastrukturbasierte Technologien verwenden, um zusätzliche Informationen bereitzustellen. Beispiele solcher Informationen sind die Verfügbarkeit freier Parkplätze, eine detaillierte Karte der Parkanlage oder Ähnliches [5]. Infrastrukturbasierte Technologien lassen sich zusätzlich in Sensoren in oder über der Fahrbahn unterteilen [7]. Durch die Kommunikation des Fahrzeugs mit der Parkanlage kann das Fahrzeug die empfangenen Daten in einem weiteren Schritt verarbeiten, um eine passende Trajektorie zu planen und das Fahrzeug sicher einzuparken [5].

AVP Systeme bringen zwei entscheidende Vorteile mit sich. Zum einen wird der Fahrer entlastet, da ihm die stressige Parkplatzsuche abgenommen wird. Hierzu gehören beispielsweise das Rangieren des Fahrzeugs durch enge Kurven und Rampen oder die lange Suche des abgestellten Fahrzeugs in großen Parkhäusern. Zum anderen kann die Infrastruktur durch die Verwendung von AVP Systemen deutlich effizienter genutzt werden. Das betrifft vor allem die Parkplatzgröße und die Anzahl der verfügbaren Parklätze. Eine effiziente Nutzung dieser Parameter wurde bisher durch die Inhomogenität der Fähigkeit der Fahrer manuell einzuparken stark beeinträchtigt [8]. Denkbar wäre es auch in der Zukunft einen entsprechenden Ladeservice für E-Fahrzeuge oder die Möglichkeit einer Autowäsche mit dem automatisierten Parken zu verbinden, wo das Auto zunächst selbstständig an eine Ladestation oder in eine Waschanlage fährt, bevor das Fahrzeug im Anschluss eigenständig einparkt. Ein weiteres Szenario berücksichtigt, dass der Parkraumbetreiber die parkenden Fahrzeuge nach Belieben umparken kann. Beispielsweise können dadurch Tiefgaragen oder Parkhäuser deutlich komfortabler gereinigt werden.

2.1.2 Stand der Technik

Es gibt unzählige Beispiele und Ausführungen von AVP Systemen. Die letztendliche Umsetzung dieser Systeme ist dabei sehr unterschiedlich. Ausschlaggebend hierfür ist die Frage, welche Daten dem Fahrzeug für die Realisierung des AVP Systems zur Verfügung stehen. Während die Industrie auf eine Kombination aus Daten fahrzeugeigener Sensoren und infrastrukturbasierter Technologien setzt, um AVP heute schon zu ermöglichen, liefern diverse wissenschaftliche Untersuchungen aus dem Bereich der Forschung alternative Ansätze. In [17] legen Jeong Yonghwan et al. den Fokus auf den Parkalgorithmus, mit der Voraussetzung, dass eine Karte der Parkanlage durch die Infrastruktur bereitgestellt wird. Qin Tong et al. behandeln in [18] die Lokalisierung des Fahrzeugs auf Parkanlagen ohne GPS Empfang.

Dabei erstellt das Fahrzeug selbstständig eine Karte der Parkanlage und erkennt freie Parkplätze.

Im Folgenden werden drei verschiedene Herangehensweisen näher untersucht. Der Fokus liegt dabei vor allem auf der allgemeinen Funktionsweise der Systeme und die hierfür verwendete Sensorik, um den jeweiligen Nutzen verschiedener on- und offboard Sensoren bewerten zu können. Zunächst wird das umfangreich ausgebaute AVP System mit smarter Infrastruktur der *Robert Bosch GmbH* in Zusammenarbeit mit der *Mercedes-Benz Group AG* [19] [20] betrachtet, um ein Beispiel für die zukünftige kommerzielle Nutzung des autonomen Parkens darzustellen. Als Gegensatz dazu wird als Nächstes ein AVP System untersucht, das eine minimale Systemarchitektur beschreibt [6]. Hierbei beschränkt sich der Ansatz auf die Verwendung fahrzeugeigener Sensoren und nutzt diese möglichst effizient. Schließlich wird das Projekt Autonomous Valet Parking von *Parkopedia* und der *University of Surrey* sowie *Connected Places Catapult* [21] näher beleuchtet. Diese Umsetzung ist deshalb relevant für diese Arbeit, da das hier verwendete Versuchsfahrzeug dem Forschungsfahrzeug des Projektes ANTON nahezu identisch ist. Schließlich werden diese drei Ansätze miteinander verglichen, indem ihre Merkmale identifiziert und festgehalten werden, sowie ihre Vor- und Nachteile beleuchtet werden.

2.1.2.1 AVP System aus der Industrie

Bereits Mitte 2019 hat die *Robert Bosch GmbH* in Kooperation mit der *Mercedes-Benz Group AG* die bisher erste Zulassung für ein automatisiertes Parksystem der SAE Automatisierungsstufe 4 für die Nutzung im Parkhaus des Mercedes-Benz Museums in Stuttgart erhalten. Im Oktober des Jahres 2020 haben sie gemeinsam mit dem Parkraumbetreiber *Apcoa* ein AVP System im Parkhaus P6 des Stuttgarter Flughafens vorgestellt. Durch dieses Vorhaben soll gezeigt werden, dass sicheres, automatisiertes Parken bereits serientauglich sein kann [19].

Allgemeine Funktionsweise

Prinzipiell funktioniert das AVP System am Stuttgarter Flughafen genau wie das AVP System am Mercedes-Benz Museum. Entsprechend ausgestattete Fahrzeuge von Mercedes-Benz können durch die Kommunikation mit der smarten Infrastruktur von Bosch komplett eigenhändig ein- und ausparken. Sollten die Sensoren der Infrastruktur hierbei Hindernisse oder Passanten auf der Fahrbahn erkennen, wird das Fahrzeug sofort abgebremst [20]. Abbildung 2.2 stellt die Funktionsweise des entwickelten AVP Systems dar.

Entsprechend gekennzeichnete Bereiche im Parkhaus zeigen, wo das Fahrzeug abgestellt werden kann und wo das Fahrzeug den Benutzer zur Ausfahrt aus dem

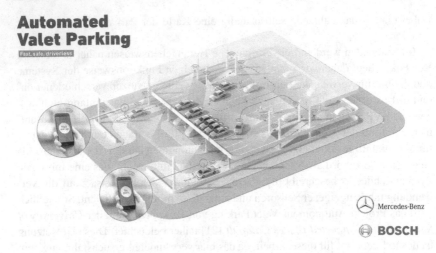

Abb. 2.2 Funktionsweise des AVP Systems von Bosch und Mercedes-Benz [20]

Parkhaus wieder abholt. Diese Bereiche werden demnach auch Drop-Off und Pick-Up Zonen genannt [19]. Durch eine Anwendung kann der Benutzer den Einparkprozess via Mobiltelefon problemlos initiieren. Nach dem Start des Systems fährt das Fahrzeug zum reservierten Parkplatz und parkt eigenständig ein. Genau so kann das Fahrzeug durch Knopfdruck in der mobilen Anwendung auch wieder zurückgeholt werden [20]. Um das Parken komfortabler zu gestalten, kann in der digitalen Plattform *Flow* ein Parkplatz im Parkhaus des Flughafens reserviert werden, wodurch das Einfahren in das Parkhaus komplett berührungslos funktioniert. Der Bezahlvorgang läuft automatisiert ab, sodass das Parkhaus ebenso berührungslos verlassen werden kann [19].

Verwendete Sensorik
Diese Ansätze kombinieren aktuelle Fahrzeugtechnik mit offboard Sensoren der Infrastruktur. Das erste AVP System im Parkhaus des Mercedes-Benz Museums verwendet hüfthohe Lidarsensoren in der Infrastruktur zur Überwachung der Umgebung (s. Abbildung 2.3).

Im Parkhaus des Stuttgarter Flughafens kamen jedoch Stereokamerasensoren zum Einsatz. Der Unterschied zu normalen Kameras ist hierbei die Verwendung zweier nebeneinander angeordneter Linsen, wodurch eine dreidimensionale Wahrnehmung entsteht und Entfernungen sowie Objektdimensionen berechnet werden

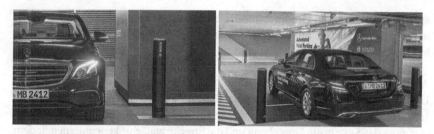

Abb. 2.3 Verwendeter Lidarsensor des AVP Systems am Mercedes-Benz Museum. Links: Sensordarstellung, rechts: Einsatz der Sensoren [20]

können. Ein Vorteil dieser Umsetzung ist, dass im Gegensatz zu den hüfthohen Lidarsensoren, welche am Boden befestigt werden, keine weiteren Kollisionsgefahren durch die Kameras entstehen, da sie an der Decke des Parkhauses angebracht werden (s. Abbildung 2.4).

Abb. 2.4 Verwendete Stereokamera des AVP Systems am Stuttgarter Flughafen. Links: Sensordarstellung, rechts: Einsatz der Sensoren [19]

Das Ergebnis ist in beiden Fällen dasselbe: Durch die Verwendung dieser Sensoren kann die Infrastruktur gänzlich überwacht werden. Das Fahrzeug erhält dadurch Informationen über potentielle Objekte, Passanten oder andere Fahrzeuge auf ihrer Fahrbahn, was es ermöglicht, auch stockwerkübergreifend Hindernisse zu erkennen [19].

2.1.2.2 AVP System mit minimaler Systemarchitektur

Mihai Chirca et al. haben 2015 in [6] eine beispielhafte Systemarchitektur eines AVP Systems präsentiert. Ziel dieser Publikation war es, ein AVP System mit günstigen, bereits verbauten Sensoren zu entwickeln. Zusätzlich soll das System nicht auf Informationen von der Infrastruktur angewiesen sein. Dadurch soll ein System entwickelt werden, das deutlich effizienter und kostengünstiger ist, als bis dato bekannte Systeme.

Allgemeine Funktionsweise
Um komplett ohne infrastrukturbasierte Technologien klarzukommen, müssen die Informationen über die Parkanlage anderweitig gewonnen werden. Zu diesem Zwecke muss das System die Umgebung und die Strecke zunächst kennenlernen, indem der Fahrer die Fahrzeugführung übernimmt. Das System kann dieses Fahrverhalten anschließend in der Zukunft imitieren, um einen freien Parkplatz zu finden. Die vorgeschlagene Systemarchitektur besitzt deshalb ein Modul für den anfänglichen Lernvorgang (s. Abbildung 2.5) [6].

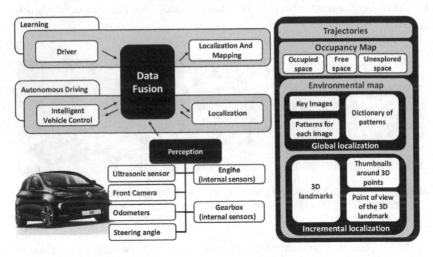

Abb. 2.5 Modulare Systemarchitektur des AVP Systems aus [6]

Am Ende des Lernprozesses kann das Fahrzeug in einer bekannten Umgebung von einem gelernten Startpunkt aus komplett autonom geparkt werden. Ist der Startpunkt komplett unbekannt oder gibt es Unstimmigkeiten bei der initialen Lokalisierung, so soll der Fahrer darüber informiert werden, dass das autonome Einparken nicht durchgeführt werden kann. In diesem Fall kann das System dem Fahrer vorschlagen, das Fahren noch zu übernehmen, bis das System das Fahrzeug genau lokalisieren und den autonomen Parkprozess letztendlich starten kann [6].

Verwendete Sensorik

Abbildung 2.6 zeigt das verwendete Hardwaresystem. Zur Umgebungserfassung wurden eine nach vorne gerichtete Kamera und ein Ultraschallsystem mit insgesamt zwölf Ultraschallsensoren verwendet. Zusätzlich ist pro Reifen je ein Hodometer eingebaut [6].

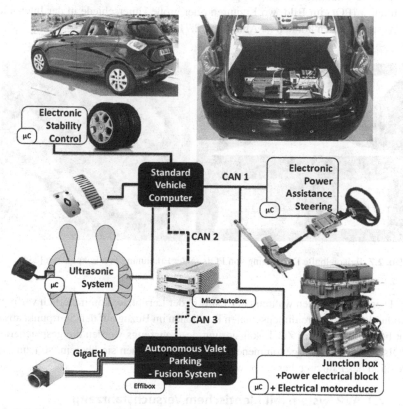

Abb. 2.6 Hardwaresystem des AVP Systems aus [6]

   Die Ultraschallsensoren werden zu Zwecken der Redundanz der Umgebungserfassung verwendet. Somit wird die Umgebung mit je sechs Ultraschallsensoren am Front- und Heckstoßdämpfer im Radius von circa vier Metern rund um die Uhr überwacht, um eine gefahrlose Trajektorie zu gewährleisten. Die vier

Hodometer und die Frontkamera sind zuständig für die Lokalisierung und das Mapping. Hierzu wird unter anderem ein sogenannter visueller Simultaneous Localization And Mapping (SLAM) Algorithmus verwendet [6]. Visuelles SLAM bezeichnet die Verwendung von Kameradaten zur simultanen Lokalisierung des Fahrzeugs und Erstellung einer Karte der Umgebung [22]. Dabei wurden sogenannte Eckenerkennungsoperatoren verwendet [6]. Eckpunkte sind wichtige Elemente, wenn es um die Feature-Extraktion in Bildern geht. Im Allgemeinen versteht man sie als Point of Interest (POI) im Bild, wo Konturen oder große Unterschiede in der Intensität festgestellt werden können (s. Abbildung 2.7) [23].

Abb. 2.7 Beispielhafte Darstellung von POIs in der Erkennung von Eckpunkten [23]

Diese POIs werden während der Fahrt in der Lernphase kontinuierlich verfolgt, wodurch sich ihre dreidimensionalen Positionen im Bezug auf den Startpunkt absolut bestimmen lassen. Zur Lokalisierung des Fahrzeugs werden die gespeicherten POIs mit den neu aufgenommenen verglichen. Stimmen sie überein, so kann die Position des Fahrzeug bestimmt werden.

2.1.2.3 AVP System mit identischem Versuchsfahrzeug
Die *Innovate UK* hat im Zeitraum zwischen 2018 und 2020 ein AVP Projekt finanziert, mit dem Hauptziel der Objekterkennung für den Einsatz des AVP Systems. Die Entwicklung erfolgte in Zusammenarbeit mit *Parkopedia*, der *University of Surrey* und der *Connected Places Catapult* [24]. Dieses Projekt nutzte einen von *StreetDrone* umgebauten *Renault Twizy* und eine modifizierte Form des AF-Stacks *Autoware.AI*.

Allgemeine Funktionsweise

Das Ziel dieses Projektes war es, ein AVP System zu entwickeln, welches in mehrstöckigen Parkhäusern eingesetzt werden kann. Somit muss die Lokalisierung ohne die Verwendung von GPS Daten erfolgen. Stattdessen wurden onboard Sensoren verwendet, um die Position des Fahrzeugs zu bestimmen. Abbildung 2.8 zeigt im Hintergrund auf den Säulen im Inneren des Parkhauses die verwendeten künstlichen Landmarken zur Bestimmung der Fahrzeugposition. Nach dem Erreichen der gekennzeichneten Drop-Off Zone in der Nähe der Einfahrt kann der Parkvorgang durch eine mobile Anwendung gestartet werden (s. Abbildung 2.8) [21].

Abb. 2.8 Mobile Anwendung für das AVP System von *Parkopedia* [21]

Das Fahrzeug initiiert das Parken, nachdem der Benutzer "PARK" gewählt hat. Dabei plant das System eine Route zu einem entsprechenden Parkplatz. Möchte der Benutzer das Parkhaus verlassen, wählt er in der Anwendung "SUMMON", woraufhin das Fahrzeug die Strecke zur Pick-Up Zone berechnet und abfährt. Durch das Drücken der "ABORT" Schaltfläche lässt sich der Vorgang zum Ein- oder Ausparken abbrechen.

Verwendete Sensorik

Wie bereits erwähnt verwendet dieser Ansatz keine offboard Sensorik. Zur Realisierung dieses Projekts steht dem Fahrzeug jedoch eine Karte zur Lokalisierung des Fahrzeugs und Navigation innerhalb des Parkhauses zur Verfügung. Die verwendeten onboard Sensoren sind Kameras, Ultraschallsensoren und IMUs. Zur

Lokalisierung des Fahrzeugs werden die Kamerasensoren und IMUs verwendet. Dabei erkennen die Kameras die künstlichen Landmarken, wodurch sich die Position des Fahrzeugs auf der Karte des Parkhauses genau bestimmen lässt [21]. In Abbildung 2.9 ist zu sehen, wie die Kameradaten zur Positionsbestimmung verwendet wurden.

Abb. 2.9 AVP System von *Parkopedia* im Test. Links: Reale Umgebung des Fahrzeugs, rechts: Erfasste Umgebung des Fahrzeugs inklusive einer Darstellung der Strecke zum Parkplatz [25]

2.1.2.4 Vergleich und Auswertung der Ansätze

Alle oben aufgeführten Ansätze stellen ein funktionierendes AVP System dar. Die Umsetzung der verschiedenen Systeme unterscheidet sich jedoch teilweise deutlich voneinander. Im Allgemeinen konnte festgestellt werden, dass die Nutzung infrastrukturbasierter Technologien die Sicherheit erhöht. Auf der anderen Seite erhöhen sich in Abhängigkeit der eingesetzten Sensoren zusätzlich die Kosten für die Realisierung des Systems. Eine Gemeinsamkeit aller dargestellten Ansätze ist die Verwendung von Ultraschallsensoren im Fahrzeug. Dies ergibt sich aus der Notwendigkeit der Messungen geringer Distanzen zu Wänden in Parkhäusern oder Fahrzeugen auf angrenzenden Parkplätzen. Tabelle 2.1 zeigt einen kurzen Überblick der aufgeführten AVP Systeme inklusive ihrer Vor- und Nachteile.

Tab. 2.1 Überblick über die Eigenschaften der aufgeführten AVP Systeme

	Industrie	Minimale Systemarchitektur	Forschung
Sensoren im Fahrzeug	• Keine genaue Information	• Ultraschallsensoren • Frontkamera • Hodometer	• Ultraschallsensoren • Kameras • IMUs
Sensoren in der Infrastruktur	• Kameras/ Lidarsensoren	• Keine	• Keine
Vorteile	• Überwacht gesamte Parkfläche zu jeder Zeit • Erkennt Hindernisse stockwerkübergeifend • Geringe Rechenlast im Fahrzeug • Benötigt keine Karte des Parkraums	• Keine Änderung am Parkraum nötig • Kostengünstige Sensoren	• Geringe Änderung am Parkraum nötig • Hohe Genauigkeit der Lokalisierung • Kostengünstige Sensoren
Nachteile	• Hohe Kosten für Parkraumaufrüstung • Nur für speziell ausgerüstete Fahrzeuge	• Benötigt zuvor aufgenommene Bilder des Parkraums • Schlechte Lichtverhältnisse beeinträchtigen Lokalisierung	• Parkraum muss mit Landmarken ausgestattet werden • Benötigt eine Karte des Parkraums • Schlechte Lichtverhältnisse beeinträchtigen Lokalisierung
Anmerkungen	• Digitale Reservierung und Bezahlung möglich • Erfordert Car2X Kommunikation • Nutzt „aktuelle Fahrzeugtechnik"	• Erfordert Lernprozess zur Kartenerstellung • Lokalisierung über POIs im Bild	• Ziel: Nutzung in mehrstöckigen Parkhäusern • Lokalisierung über Landmarken an den Wänden

2.2 Einführung in die experimentelle Plattform ANTON

Im Rahmen des Forschungsprojekts SAFIR, welches vom Bundesministerium für Bildung und Forschung gefördert wird, arbeitet das Center of Automotive Research on Integrated Safety Systems and Measurement Area (CARISSMA) an Projekt ANTON. Der Hintergrund dieses Projektes ist der Aufbau einer experimentellen

Plattform zum Zwecke der Entwicklung und Absicherung autonomer Fahrfunktionen. Im Folgenden wird der aktuelle Stand des Projekts dargestellt. Hierbei liegt der Fokus auf den Elementen des Projekts, welche einen direkten Einfluss auf die zugrunde liegende Arbeit haben. Diese sind vor allem das zur Verfügung stehende Forschungsfahrzeug und der zu verwendende AF-Stack.

2.2.1 Darstellen des Status quo

Zu Entwicklungs- und Absicherungszwecken besitzt das Forschungszentrum CARISSMA seit Dezember des Jahres 2020 ein entsprechendes Forschungsfahrzeug. Dabei handelt es sich um einen *Renault Twizy*, welcher von *StreetDrone* modifiziert und erweitert wurde (s. Abbildung 2.10).

Die Karosserie des Fahrzeugs wurde komplett ausgetauscht. Dies erleichtert den Prozess der Sensorinstallation und schafft mehr Platz im Kofferraum. Der zusätzliche Raum ist notwendig, um dort die erforderliche Elektronik und Rechenleistung unterzubringen (s. Abbildung 2.11). Zusätzlich zur Serienausstattung enthält das Fahrzeug außerdem folgende Erweiterungen:

Abb. 2.10 Forschungsfahrzeug für Projekt ANTON

Abb. 2.11 Blick in den Kofferraum des Forschungsfahrzeugs

- **Drive-by-Wire-Funktionen:** Erlauben den vollen Zugang zum Lenk- und Beschleunigungssystem über das CAN-Bussystem. Das ermöglicht die Quersowie Längssteuerung des Fahrzeugs über diverse Controller oder Computersignale.
- **Car2X-Kommunikationsfunktionen:** Erlauben es dem Fahrzeug mit anderen Car2X-fähigen Verkehrsteilnehmern oder Bestandteilen des Verkehrsnetzes Daten auszutauschen. Aktuell wird die Schnittstelle gemeinsam mit der Driveby-Wire-Funktionalität genutzt, um teleoperiertes Fahren zu ermöglichen. Diese Funktion beschreibt das Fernsteuern des Fahrzeugs durch beispielsweise eines Joysticks. Im Moment verfügt das Fahrzeug über einen WiFi- und LTE-fähigen Router zur Kommunikation.
- **Offene Softwareschnittstelle:** Werden von einer open source Software bereitgestellt. Somit können bereits bestehende Funktionen zur Planung, Wahrnehmung und letztendlichen Entscheidung verwendet werden. Der größte Vorteil einer

offenen Softwareschnittstelle ist die Möglichkeit der unkomplizierten Erweiterung der Software um neue Module. Über den CAN-Bus werden letztendlich die Ausgaben der Software an den Low-Level-Controller des Drive-by-Wire-Systems gesendet, welcher wiederum die Befehle an die Aktoren überträgt. In Abschnitt 2.2.2 wird gezeigt, welche möglichen Softwarelösungen zur Verfügung stehen und welche für das Projekt letztendlich genutzt werden soll.

• **Umfeldsensorik:** Flexible Sensorhalterungen ermöglichen die Installation verschiedener Sensoren. Das erlaubt die Verwendung von Sensoren in unterschiedlichen Kombinationen, was dazu beiträgt individuelle Anwendungsfälle zu betrachten. Aktuell besitzt das Fahrzeug acht Kameras, einen Lidarsensor und einen Radarsensor. Zur Lokalisierung des Fahrzeugs befindet sich im Kofferraum zusätzlich ein GNSS Empfänger inklusive IMU. Ein speziell für Fahrzeuge entwickelter Rechner von *In-CarPC* nutzt die Daten der Umfeldsensorik, um entsprechende Reaktionen auf die Umgebung zu berechnen.

Wie in der Motivation bereits beschrieben, wird das AVP System im Zuge dieser Arbeit in einer Simulationsumgebung entwickelt und abgesichert. Das eben dargestellte Forschungsfahrzeug wird in die Simulationsumgebung übertragen, um das Zielsystem entsprechend umsetzen zu können. Zukünftige Arbeiten können sich dadurch mit der Übertragung des entstandenen AVP Systems auf das reale Fahrzeug beschäftigen und somit die Nutzbarkeit auf echten Parkanlagen bewerten.

2.2.2   Analyse des zu verwendenden AF-Stacks

Um das Forschungsfahrzeug nun auch automatisiert bewegen zu können, wird ein entsprechender AF-Stack benötigt. Dabei stellt der AF-Stack die Software für das Fahrzeug dar, welche die Steuerung und Ausführung der autonomen Fahrfunktionen durchführt und ermöglicht. Zur Auswahl stehen drei potentielle Softwarelösungen zu Verfügung. Im Folgenden werden sie zunächst der Reihe nach vorgestellt, bevor sie miteinander verglichen werden. Anschließend wird in Abhängigkeit zukünftiger Projektarbeiten und der umzusetzenden Aufgabe dieser Forschungsarbeit entschieden, welcher AF-Stack fortan verwendet werden soll. Schließlich folgt eine Übersicht über die Gesamtfunktionalität des ausgewählten AF-Stacks.

2.2.2.1 Verfügbare AF-Stacks

Um miteinander verglichen werden zu können, müssen die Grundkonzepte und Hauptmerkmale der einzelnen Softwarelösungen zunächst bekannt sein. Hierfür folgt deshalb eine kurze Zusammenfassung aller in Frage kommender AF-Stacks und welche Abhängigkeiten durch ihre Verwendung entstehen.

Mit **Autoware.AI** hat die *Autoware Foundation* die erste allumfassende open source Software für das autonome Fahren entwickelt. Die Software läuft auf *Ubuntu 18.04*, basiert auf *ROS 1* und liefert ein komplettes Modulset an automatisierten Fahrfunktionen zur Lokalisierung und Kontrolle des Fahrzeugs, Umgebungserkennung, Vorhersage und Verhaltensplanung [9]. Zur Simulation automatisierter Fahrfunktionen wird die open source Software *CARLA* verwendet. *CARLA* dient als modulare und flexible API für Funktionen des autonomen Fahrens. Hierbei wird dem Benutzer ermöglicht, eine Reihe von unterschiedlichen Problemstellungen im Bereich des autonomen Fahrens anzugehen. Durch *CARLA* wird ein Tool zur Verfügung gestellt, das für den Benutzer einfach zugänglich und problemlos anpassbar ist [10]. *Autoware.AI* ist für Anwendungsfälle in urbanen Städten perfekt ausgestattet. Zur Nutzung für Szenarien auf Landstraßen und Autobahnen sind unter Umständen Anpassungen und zusätzliche Module notwendig [9].

Project Aslan ist die open source full Stack Softwarelösung von *StreetDrone* für Anwendungen des autonomen Fahrens. Sie wurde von *Autoware.AI* inspiriert und basierend auf den open source Projekten der *Autoware Foundation* entwickelt. Somit läuft die Software ebenso unter *Ubuntu 18.04* und basiert auf *ROS 1* [11]. Zur Simulation können zwei verschiedene Anwendungen verwendet werden. *Gazebo* ist eine open source Simulationssoftware, welche den Fokus auf die Simulation von Robotern und ihrer Interaktion mit der Umgebung legt. Dabei kann der Benutzer unter anderem Algorithmen testen, neue Roboter entwerfen und AI Systeme anhand realistischer Szenarien trainieren [12]. Alternativ kann *CarMaker* von *IPG-Automotive* verwendet werden [11]. *CarMaker* ist eine lizenzierte umfangreiche Simulationssoftware zur Absicherung von Personen- und leichten Nutzfahrzeugen [13]. Da *CarMaker* jedoch nicht open source ist, wird nicht näher darauf eingegangen. Der Anwendungsbereich von *Aslan* fokussiert sich vor allem auf Anwendungen mit geringer Geschwindigkeit. Der Vorteil hiervon ist, dass die aktuell verfügbare Technologie besser ausgenutzt werden kann, um kommerziell rentable autonome Fahrfunktionen einzuführen [11].

Als Nachfolger für *Autoware.AI* hat die *Autoware Foundation* **Autoware.Auto** entwickelt. Diese weiterentwickelte Software basiert auf *ROS 2*, läuft unter *Ubuntu 20.04* und unterscheidet sich zum Vorgänger hauptsächlich durch die Verwendung modernster Softwareentwicklungspraktiken, einer verbesserten Systemarchitektur und eines überarbeiteten Modulinterfacedesigns. Die zwei anfänglichen Hauptaufgaben von *Autoware.Auto* sind die Realisierung eines AVP Systems und einer Autonomous Cargo Delivery (ACD). Im Januar 2021 wurde ein AVP System basierend auf *Autoware.Auto* implementiert und live demonstriert. Um die entwickelten

Funktionen in der Simulation testen zu können, wird der *SVL Simulator* verwendet [14]. Er ist eine Simulationsplattform der *LG Electronics America* für die Entwicklung von Robotersystemen und autonomer Fahrzeuge. Die Software ermöglicht unter anderem die Durchführung von Integrationstests und Systemverifikationen und das Testen modularer Algorithmen. Der *SVL Simulator* umfasst die Infrastruktur und den Workflow, welche für die Entwicklung und den Einsatz sicherer Robotersysteme und autonomer Fahrzeuge notwendig sind [15].

2.2.2.2 Vergleich und Auswahl

Jedes dieser Softwarelösungen hat ihre individuellen Vor- und Nachteile. Deshalb werden sie im Folgenden miteinander verglichen, um entscheiden zu können, welche Software für das weitere Vorgehen verwendet werden soll. Zu diesem Zweck zeigt Tabelle 2.2 anhand der vorangegangenen Darstellung und Analyse aller Softwarelösungen eine kurze Zusammenfassung ihrer wichtigsten Eigenschaften.

Tab. 2.2 Wichtige Eigenschaften der Softwarelösungen für das Fahrzeug

	Autoware.AI	Projekt Aslan	Autoware.Auto
Anwendungsfälle	• Urbane Städte • Landstraßen • Autobahnen	• geringe Geschwindigkeit	• Wie Autoware.AI • AVP • ACD
Simulationsumgebung	CARLA Simulator	Gazebo Simulator, CarMaker	SVL Simulator
ROS Version	ROS 1	ROS 1	ROS 2
Betriebssystem	Ubuntu 18.04	Ubuntu 18.04	Ubuntu 20.04

Durch die Betrachtung der Anwendungsfälle lässt sich *Projekt Aslan* direkt ausschließen. Erklären lässt sich das folgendermaßen: Anwendungsfälle mit geringer Geschwindigkeit stehen zwar nicht im Widerspruch zu der Entwicklung des AVP Systems, jedoch lässt sich das Fahrzeug somit nicht langfristig zu Forschungszwecken rund um das autonome Fahren verwenden. Dadurch würde die Möglichkeit, zukünftig weitere Assistenzfunktionen zu entwickeln, stark eingeschränkt werden. Nach einer ersten kurzen Einführung der Simulationsumgebungen liegen nicht genug Informationen vor, um aufgrund ihrer Eigenschaften eine endgültige Entscheidung zu treffen. Bei den zu verwendenden *ROS* Versionen sieht es jedoch anders aus. Auch wenn *Autoware.Auto* die scheinbar bessere Software für das Ziel dieser Arbeit bietet, fällt die Entscheidung auf *Autoware.AI*. Der Grund hierfür ist, dass *Autoware.AI* selbst und vor allem die zu verwendende *ROS* Version abgeschlossen ist. Somit kann ausgeschlossen werden, dass im Zuge dieser Arbeit Fehler aufgrund von Veränderungen an verwendeten Softwareschnittstellen auftreten.

2.2.2.3 Funktionalität von Autoware.AI

Wie in Abschnitt 2.2.2.1 bereits erwähnt bietet *Autoware.AI* eine Vielzahl an Modulen zur Unterstützung und Durchführung automatisierter Fahrfunktionen. Abbildung 2.12 zeigt einen Gesamtüberblick von *Autoware.AI*.

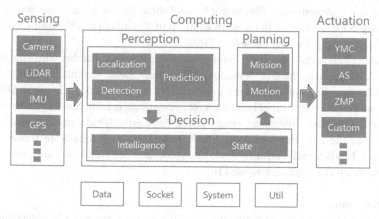

Abb. 2.12 Gesamtüberblick von *Autoware.AI* [16]

Wahrnehmung

Die Wahrnehmung (Sensing in Abbildung 2.12) erfasst Daten über die Fahrzeugumgebung. Die aufgezeichneten Daten dienen als Eingangsdaten für die Berechnung (Computing). Im Allgemeinen unterstützt *Autoware.AI* Kameras, Lidar-, Radar- und GPS-Sensoren sowie IMUs. Anhang A.1 im elektronischen Zusatzmaterial enthält Sensoren, deren Kompatibilität mit Autoware durch Feldtests verifiziert wurde. Zur Vollständigkeit muss erwähnt werden, dass Sensoren, welche nicht in der Liste enthalten sind, nicht automatisch inkompatibel sind, sondern lediglich nicht verifiziert wurden [16].

Berechnung

Die Berechnung lässt sich in drei Module unterteilen: Erfassung (Perception), Entscheidung (Decision) und Planung (Planning).

Dabei beinhaltet die Erfassung Methoden zur Lokalisierung, Erkennung und Vorhersage. Zur Lokalisierung werden dreidimensionale Karten und SLAM-Algorithmen in Kombination mit GNSS- und IMU-Sensoren verwendet. Mithilfe von Fusionsalgorithmen und tiefen neuronalen Netzen (Deep neural networks, kurz: DNN) können Daten von Kameras und Lidarsensoren zur Objekterkennung genutzt werden. Die letztendliche Vorhersage basiert auf den kombinierten Ergebnissen der Lokalisierung und Erkennung [16].

Das Modul zur Entscheidung ist das Bindeglied zwischen der Erfassung und der Planung. Eine interne Zustandsmaschine entscheidet sich, basierend auf den Ergebnissen der Wahrnehmung, für ein konkretes Fahrverhalten, sodass eine geeignete Planungsfunktion ausgewählt werden kann. Aktuell wird ein regelbasiertes System zur Entscheidungsfindung eingesetzt [16].

Schließlich enthält das Berechnungsmodul die Planung. Hierbei wird eine globale Route inklusive lokaler Bewegungen berechnet. Diese Kalkulation erfolgt auf Grundlage der Ergebnisse aus den Modulen der Erfassung und Entscheidung. Dabei wird die globale Route meist beim Start, beziehungsweise beim Neustart festgelegt, während die lokale Bewegung entsprechend der Zustandsänderungen aktualisiert wird. Aus diesem Grund wird die lokale Bewegung auch temporäre Bewegung genannt. Ein Beispiel hierfür ist die lokale Änderung der Trajektorie aufgrund von Objekten auf der geplanten Route [16].

Ansteuerung

Das letzte Modul ist die Ansteuerung. Hierfür berechnet *Autoware.AI* unterschiedliche Ausgaben. Diese sind unter anderem die Geschwindigkeit, die Winkelgeschwindigkeit, der Lenkwinkel sowie die Straßenkrümmung. Diese Informationen werden gemeinsam als Kommandos durch die Fahrzeugschnittstelle an den X-by-wire Controller gesendet. Entsprechend der eingehenden Kommandos übernimmt der Controller schließlich die Quer- sowie die Längsführung des Fahrzeugs [16].

Anforderungsdefinition, Systementwurf und -eingrenzung 3

Mithilfe der vorangegangenen Einführung der fundamentalen Konzepte dieser Arbeit kann das AVP System nun entworfen werden. Anhand der gewonnenen Informationen durch die Untersuchung verschiedener Ansätze zur Realisierung von AVP Systemen aus Abschnitt 2.1.2 wird im Folgenden zunächst eine Anforderungsanalyse für das zu entwickelnde System durchgeführt. Gemäß der festgelegten Aufgaben aus dem V-Modell werden die definierten Anforderungen im nächsten Schritt herangezogen, um sie auf Funktionalitäten des Systems abzubilden. Die Darstellung der Funktionen erfolgt unter Verwendung von umfassenden Zustandsdiagrammen. Der darauffolgende technische Systementwurf beschreibt letztendlich die Realisierung des Systems am Beispiel einer Abbildung der Systemarchitektur. Anschließend folgt eine Gefahrenanalyse zum Aufzeigen und Bewerten potenzieller Risiken, um daraus Maßnahmen zur Risikoreduzierung ableiten zu können. Die abschließende Eingrenzung der umzusetzenden Funktionalitäten und zu erfüllenden Anforderungen definiert den thematischen Schwerpunkt sowie das gewünschte Ergebnis dieser Masterarbeit.

3.1   Anforderungsanalyse

Gängige Vorgehensmodelle für die Softwareentwicklung zeigen, dass die Entwicklung eines Systems mit der Definition der Anforderungen an dieses System beginnen. Die folgende Anforderungsanalyse wird unter Berücksichtigung der

Ergänzende Information   Die elektronische Version dieses Kapitels enthält Zusatzmaterial, auf das über folgenden Link zugegriffen werden kann https://doi.org/10.1007/978-3-658-43117-4_3.

Ö. Dönmez, *Entwicklung eines Automated Valet Parking Systems im Rahmen des Forschungsprojekts ANTON*, BestMasters,
https://doi.org/10.1007/978-3-658-43117-4_3

Qualitätskriterien für Anforderungen und das Lastenheft aus der ISO/IEC/IEEE 29148:2018 [26] durchgeführt und orientiert sich an den definierten Anforderungen des AVP Systems von Parkopedia aus [27]. Zusätzlich werden Anforderungen aus der Norm ISO 20900 [28] abgeleitet, in welcher Mindestanforderungen an die Funktionalität partiell automatisierter Parksysteme festlegt werden. Hierfür wird im Folgenden zunächst die Anforderungsbeschreibung dargestellt. Darauf folgt die Analyse der Stakeholder, um zu untersuchen, welche Interessengruppen Anforderungen an das System stellen können. Die Unterteilung des Gesamtsystems in Subsysteme und Module rundet die Untersuchung der Anforderungen ab. Durch die gewonnenen Informationen aus dieser Gesamtanalyse werden abschließend die Anforderungen definiert.

3.1.1 Anforderungsbeschreibung

Anforderungen entscheiden über die funktionalen und qualitativen Merkmale eines Produktes. Die Beschreibung einer Anforderung enthält verschiedene Eigenschaften zur Identifizierung, Klassifizierung und Versionierung einer Anforderung. Eine genaue Beschreibung und kontinuierliche Pflege der Anforderungen unterstützt den Entwicklungsprozess und erleichtert die finale Absicherung des Systems. Die folgende Tabelle zeigt, welche Eigenschaften jede Anforderung besitzen muss. Dabei wird die korrekte Verwendung sowie die Notwendigkeit jeder Eigenschaft erläutert (s. Tabelle 3.1).

3.1.2 Stakeholderanalyse

Nach ISO 25010 [29] ist die Bewertung der Funktionalität eines Produktes abhängig davon, ob alle geforderten Funktionen auch tatsächlich vorhanden sind. Zusätzlich ist zu beachten, dass die bereitgestellten Funktionen qualitativ die definierten Ergebnisse liefern. Dafür müssen die geforderten Funktionen und ihre qualitativen Eigenschaften klar definiert sein. Zu diesem Zweck werden zunächst die Stakeholder identifiziert. Somit kann das System aus verschiedenen Sichtweisen betrachtet werden und die Anforderungen unterschiedlicher Interessengruppen untersucht werden. Folgende Stakeholder werden für die Entwicklung des AVP Systems in Betracht gezogen:

Tab. 3.1 Vorlage zur Beschreibung einer Anforderung

Attribut	Beschreibung
ID	Nummer zur eindeutigen Identifizierung der Anforderung. Sie beginnt bei 1 und wird für jede weitere Anforderung um 1 inkrementiert.
Version	Nummer der aktuellen Version der Anforderung. Sie beginnt bei 1 und wird bei jeder Anpassung oder Änderung um 1 inkrementiert.
Beschreibung	Text zur formalen Beschreibung der Anforderung.
Typ	Art der Anforderung. Mögliche Typen sind: Funktion, Schnittstelle, Prozess, Qualität, Benutzbarkeit.
Begründung	Grund für die Notwendigkeit der Anforderung.
System	Benennung des (Sub-)Systems, für welches diese Anforderung relevant ist. Die zu entwickelnden Subsysteme werden später in Abschnitt 3.1.3 definiert und festgelegt.
Abnahmekriterium	Beschreibung des notwendigen Testergebnisses zur Abnahme der Anforderung.
Prio	Priorität der Anforderung. Indikator für die Notwendigkeit für das Funktionieren des Gesamtsystems. Mögliche Prioritäten sind: Hoch, mittel, niedrig.

- **Entwickler:** Aus der Sicht des Entwicklers ist zuallererst die Struktur und Art der Entwicklung entscheidend. Zu diesem Zwecke werden Guidelines und Normen berücksichtigt. Zusätzlich ist es wichtig, Einschränkungen bezüglich der zu verwendenden Hard- und Softwarekomponenten festzuhalten.
- **Nutzer:** Betrachtet man das System aus der Nutzersicht, geht es hauptsächlich um die bereitgestellten Funktionalitäten außerhalb des Fahrzeugs und ihrer qualitativen Ausführungen. Dabei geht es vor allem um die sichere Durchführung der Funktionen zur eigenen Sicherheit und dem Schutz des Fahrzeugs. Hierfür wird von den zuvor analysierten Ansätzen in Abschnitt 2.1.2 abgeleitet, was der Nutzer von einem AVP System mindestens verlangen und erwarten kann.
- **Parkraumbetreiber:** Sieht man das System aus der Sicht des Parkraumbetreibers, geht es vor allem um die zusätzlichen Kosten und den Mehraufwand, welche mit der Einführung von AVP Systemen in der Parkanlage entstehen. Diese sollten möglichst gering bleiben, um die Nutzung des Systems rentabel zu machen. Des Weiteren ist es im Interesse des Parkraumbetreibers, dass die Parkfläche effizient genutzt wird, um möglichst vielen Fahrzeugen einen Parkplatz bieten zu können.

3.1.3 Subsysteme und Module

Neben Anforderungen an das Gesamtsystem umfasst das Lastenheft zusätzlich Anforderungen an Subsysteme und Module des übergeordneten Systems. Hierfür muss deshalb untersucht werden, in welche Subsysteme sich das AVP System zerlegen lässt. Damit lassen sich schließlich die gesamten Anforderungen aller Stakeholder an das Gesamtsystem aufstellen. Im Allgemeinen lässt sich das AVP Gesamtsystem in zwei Subsysteme und fünf Module unterteilen (s. Tabelle 3.2).

Tab. 3.2 Subsysteme und Module des AVP Systems

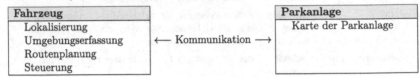

Abschließend fasst Tabelle 3.3 zusammen, welche Informationen in der Anforderungsanalyse für das zu entwickelnde AVP System zu berücksichtigen sind.

Tab. 3.3 Zu berücksichtigende Aspekte in der Anforderungsgenerierung für das AVP System

Stakeholder	Subsysteme	Module
• Entwickler	• Fahrzeug	• Lokalisierung
• Nutzer	• Parkanlage	• Umgebungserfassung
• Parkraumbetreiber		• Routenplanung
		• Steuerung
		• Karte der Parkanlage

Für die Anforderungsanalyse werden die Anforderungen der jeweiligen Stakeholder an alle gegebenen Module untersucht und festgelegt. Um den Textfluss dieser Arbeit nicht negativ zu beeinflussen, befindet sich das vollständige Lastenheft in Anhang A.2 im elektronischen Zusatzmaterial.

3.2 Funktionsweise und Systemarchitektur

Ausgehend vom Lastenheft werden als Nächstes die Funktionen des AVP Systems analysiert und festgehalten sowie der Systemaufbau beschrieben. Dabei gibt es grundsätzlich verschiedene Sichten auf ein gegebenes System. Im Folgenden werden deshalb ausgewählte Sichten des Gesamtsystems anhand verschiedener Diagramme dargestellt, um ein ganzheitliches Verständnis für den Aufbau und die Funktionsweise des AVP Systems zu erhalten. Zur Darstellung der Funktionsweise werden Zustandsdiagramme verwendet. Hierbei werden die Diagramme der grundlegenden Prozesse des Ein- und Ausparkens definiert und der Hintergrund aller erforderlichen Zustände erläutert. Als Nächstes wird eine Systemarchitektur erarbeitet, welche die benötigten Hard- und Softwaremodule inklusive ihrer Verbindungen untereinander enthält. Zusätzlich werden die Notwendigkeiten dieser Module erläutert.

3.2.1 Zustandsdiagramme

Grundsätzlich lässt sich das Gesamtsystem in zwei Prozesse unterteilen. Diese Prozesse werden fortan als *AVP parken* und *AVP abholen* bezeichnet. Im Folgenden werden beide Prozesse durch je ein übergeordnetes Zustandsdiagramm dargestellt und ausführlich erklärt. Zuvor müssen jedoch drei wichtige Designentscheidungen für alle folgenden Zustandsdiagramme dargelegt werden:

1. Graue Zustände zeigen an, dass sie selbst ein weiteres Zustandsdiagramm darstellen.
2. Jeder graue Zustand besitzt einen definierten Austrittspunkt auf der linken Seite, welche alle zum Zustand *Systemabbruch gestartet* führen. Sie dienen zur Darstellung potenzieller Abweichungen des gewünschten Ablaufs. Der zusätzliche Zustand *Systemabbruch gestartet* zeigt, dass diese möglichen Abweichungen gefangen und berücksichtigt werden, weshalb der Zustand in den folgenden Erklärungen nicht weiter beschrieben wird.
3. Die Variable *infocode* ist ein eindeutiger Indikator zur Identifizierung, aus welchem Grund der entsprechende Prozess abgebrochen wurde. Sie besteht aus vier Ziffern. Beginnend von links steht die erste Ziffer für den ausgeführten Prozess, die zweite Ziffer dient zur Identifizierung des Zustandsdiagramms und die letzten zwei Ziffern definieren den endgültigen Grund des Abbruchs. In Anhang A.3 im elektronischen Zusatzmaterial befindet sich eine Tabelle zur Klärung aller verwendeten Informationscodes.

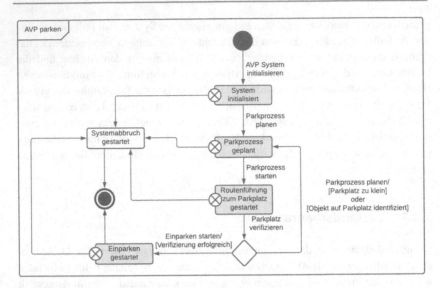

Abb. 3.1 Zustandsdiagramm des Prozesses *AVP parken*

Abbildung 3.1 zeigt zunächst das Zustandsdiagramm des Prozesses *AVP parken*. Es besitzt insgesamt fünf Zustände, deren Notwendigkeiten im Folgenden ausführlich begründet werden. Zur besseren Übersichtlichkeit befinden sich die Diagramme der grauen Zustände in Anhang A.3 im elektronischen Zusatzmaterial.

- **System initialisiert:** Wenn der Benutzer den Parkprozess starten möchte, überprüft das System zuallererst, ob alle Bedingungen zur problemlosen Aktivierung des Parkprozesses erfüllt sind und bereitet sich entsprechend vor. Hierfür wird zunächst untersucht, ob das System funktionsfähig ist. Wenn die Verfügbarkeit der Sensoren und Aktoren bestätigt wurde, ist der nächste Schritt das Herstellen der Netzwerkverbindung zur Parkanlage. Konnte die Verbindung innerhalb von zehn Versuchen hergestellt werden, muss zum Abschluss die Position des Fahrzeugs verifiziert werden, unter der Voraussetzung, dass das System eine entsprechende Karte der Parkanlage erhalten hat. Wenn sich das Fahrzeug innerhalb der Drop-Off Zone befindet, dann wird die Position verifiziert und dieses Zustandsdiagramm kann fehlerfrei terminiert werden.
- **Parkprozess geplant:** Wenn das System erfolgreich initialisiert wurde, muss als Nächstes der Parkprozess geplant werden. Hierzu wird zunächst ein freier

Parkplatz gewählt. Ist die Parkanlage nicht voll, so wird im Anschluss der gewählte Parkplatz reserviert. Hierfür muss das System eine Bestätigung der Reservierung vonseiten der Parkanlage erhalten, um die Route zu planen. Als letzten Schritt dieses Zustandsdiagramms muss der Benutzer noch bestätigen, dass die Routenführung nun initiiert werden kann.

- **Routenführung zum Parkplatz gestartet:** Wurde die Routenführung erfolgreich gestartet, beginnt das eigentliche Fahren zum Parkplatz. Erkennt das System auf der Route ein Objekt, so wird eine alternative Route gesucht. Wenn eine alternative Route verfügbar ist, wird diese berechnet und die Routenführung erneut gestartet, wonach das System die neue Route abfährt. Nachdem der letzte Routenabschnitt erfolgreich gefahren wurde, wird das Zustandsdiagramm terminiert.

- **Einparken gestartet:** Beim Start dieses Zustandsdiagramms wird die Parkroute zunächst berechnet. Wenn die Route geplant werden kann, wird sie im nächsten Schritt abgefahren, um das Fahrzeug in den freien Parkplatz zu führen. Wenn alle Routenabschnitte erfolgreich abgefahren wurden, so wird das Fahrzeug abgeschaltet und das Diagramm terminiert, womit auch das übergeordnete Zustand *AVP parken* terminiert wird.

Zwischen den Zuständen *Routenführung zum Parkplatz gestartet* und *Einparken gestartet* muss der reservierte Parkplatz zusätzlich verifiziert werden. Hierunter fallen zum einen die Überprüfung der Größe des Parkplatzes und zum anderen die Überprüfung auf Objekte auf dem Parkplatz. Wurde der Parkplatz erfolgreich verifiziert, so kann das Einparken in den Parkplatz gestartet werden.

Der Prozess *AVP abholen* ist dem vorherigen Zustandsdiagramm im Aufbau sehr ähnlich. Der Hauptunterschied liegt darin, dass dieser Prozess vier statt fünf Zustände benötigt (s. Abbildung 3.2). Diese können im Allgemeinen wie folgt beschrieben werden:

- **System initialisiert:** Auch hier muss das System zunächst initialisiert werden. Die Initialisierung läuft im Grunde genau so ab, wie im vorherigen Prozess *AVP parken*, mit zwei entscheidenden Unterschieden. Als allererstes muss das Fahrzeug eingeschaltet werden. Zusätzlich wird die Fahrzeugposition durch den Vergleich mit der Position des Parklatzes verifiziert.

- **Abholprozess geplant:** Beim Planen des Abholprozesses muss das System zunächst eine Anfrage zum Befahren der Pick-Up Zone stellen. Ist die Pick-Up Zone besetzt, so wird das System in den wartenden Zustand versetzt, wo es an das Ende einer entsprechenden Warteschlange gesetzt wird. Erhält das System die

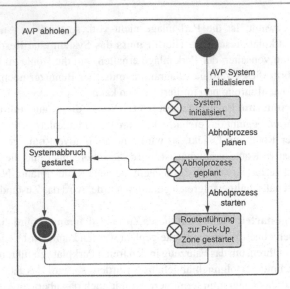

Abb. 3.2 Zustandsdiagramm des Prozesses *AVP abholen*

Erlaubnis zum Befahren der Pick-Up Zone, so wird die Pick-Up Zone reserviert und die Route zu ihr kann geplant werden. Ist die Pick-Up Zone anfangs sofort frei, wird die Pick-Up Zone direkt reserviert und eine Route geplant. Konnte die Route erfolgreich geplant werden, dann kann auch dieses Diagramm terminiert werden.

• **Routenführung zur Pick-Up Zone gestartet:** Dieses Diagramm entspricht exakt der Routenführung zum Parkplatz. Der einzige Unterschied hierbei liegt bei den verwendeten Informationscodes.

3.2.2 Systemarchitektur

Nachdem nun die genaue Funktionsweise des AVP Systems definiert und festgehalten wurde, wird als Nächstes untersucht, durch welche Hard- und Softwarekomponenten die beschriebenen Funktionen konkret realisiert werden können. Zu diesem Zweck wurde eine Systemarchitektur entwickelt, welche neben den zu verwendenden Sensoren und Aktoren zusätzlich notwendige Softwaremodule und die Zusammenhänge zwischen allen Bestandteilen der Architektur beschreibt (s. Abbildung 3.3)

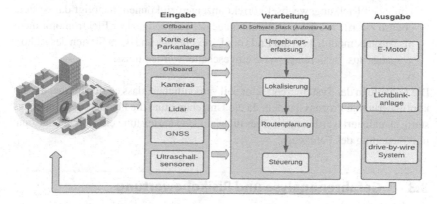

Abb. 3.3 Systemarchitektur des AVP Systems

Die Systemarchitektur wird als ein EVA-Modell (Eingabe Verarbeitung Ausgabe) dargestellt, um die Wirkkette zwischen den Modulen übersichtlich aufzuzeigen. Die Abbildung kann wie folgt beschrieben werden:

- **Eingabe:** Die Eingabe kann grundsätzlich in off- und onboard Komponenten unterteilt werden. Das einzig nötige offboard Modul ist die Karte der Parkanlage. Gemeinsam mit den onboard Sensoren bieten die gesamten Eingabemodule erforderliche Daten zur weiteren Verarbeitung im nächsten Schritt. Zur Umgebungserfassung und Objekterkennung können auf onboard Ebene die vorhandenen Kameras und der Lidarsensor verwendet werden. Ultraschallsensoren rund um das Fahrzeug ermöglichen einen sicheren Einparkprozess und scannen die Umgebung vor allem für Objekte mit geringer Distanz zum Fahrzeug. Des Weiteren wird der verbaute Lidarsensor gemeinsam mit dem GNSS Empfänger zur Lokalisierung des Fahrzeugs verwendet.
- **Verarbeitung:** Die Verarbeitung der zur Verfügung stehenden Daten findet in dem zu verwendenden AF-Stack *Autoware.AI* statt. Hierzu besitzt das Fahrzeug ein speziell ausgestatteten Fahrzeugrechner von *In-CarPC*. Die Daten aus der Eingabe werden zunächst in der Umgebungserfassung verarbeitet, um umliegende Objekte zu detektieren und Gefahren frühzeitig zu erkennen. Durch die Kombination der Ergebnisse aus der Umgebungserfassung und der

Lokalisierung des Fahrzeugs kann als Nächstes die Route geplant werden und schließlich das Fahrzeug auf der geplanten Route gesteuert werden.

• **Ausgabe:** Die wichtigste Komponente innerhalb der Ausgabe ist das drive-by-wire System, das für die Längs- und Querführung des Fahrzeugs benötigt wird. Um einen Richtungswechsel korrekt anzeigen zu können, benötigt das System ebenso Zugriff auf die Lichtblinkanlage des Fahrzeugs. Der Elektromotor dient als Ausgabemodul, da er am Ende des Parkvorgangs und beim Starten des Abholvorgangs aus- beziehungsweise eingeschaltet werden muss.

Die Schleife in der Systemarchitektur soll verdeutlichen, dass es sich hierbei um ein kontinuierlichen Prozess handelt, da die Umgebung und die Position des Fahrzeugs stetig aktualisiert werden muss. Dies dient zur Gewährleistung einer sicheren Route und Steuerung des Fahrzeugs.

3.3   Gefahrenanalyse und Risikobewertung

Der ADAS Code of Practice (CoP) [30] unterstützt die Spezifikation und Bewertung von Fahrerassistenzsystemen im gesamten Entwicklungsprozess. Dabei liegt der Fokus vor allem auf der Risikoidentifizierung und -bewertung sowie der Analyse der Kontrollierbarkeit durch den Fahrer. Daraus kann im nächsten Schritt abgeleitet werden, welche Maßnahmen notwendig sind, um das Risiko auf einen akzeptablen Wert zu minimieren. Die Produktsicherheitsdisziplinen, welche im Zuge dieser Untersuchung betrachtet werden sollen, sind die funktionale Sicherheit und die Gebrauchssicherheit.

Im Folgenden wird die Gefahrenanalyse und Risikobewertung gemäß des ADAS CoP durchgeführt. Dies geschieht unter Berücksichtigung der ISO 26262-3 [33] und der ISO/PAS 21448 [32]. Dabei werden die Ergebnisse anhand einer Fehlzustands- und Einflussanalyse (Failure mode and effects analysis, kurz: FMEA) ermittelt und festgehalten. Die FMEA wird gemäß den in [34] beschriebenen Analysetechniken und Verfahren durchgeführt und orientiert sich an den Ergebnissen der FMEA des AVP Systems von Parkopedia aus [35].

3.3.1   Fehlzustands- und Einflussanalyse

Die FMEA beschreibt eine methodische Herangehensweise zur Identifizierung potenzieller Fehlzustandsarten, auch Ausfallarten genannt, inklusive ihrer Auslöser sowie Auswirkungen auf das Gesamtsystemverhalten. Ein Fehlzustand wird hierbei definiert als der Zustand eines Systems, in welchem eine notwendige Funktion nicht ausgeführt werden kann. Durch die Zuordnung von Schweregraden zu möglichen Ausfallarten können im nächsten Schritt Maßnahmen zur Risikodeduktion festgelegt werden. Die Durchführung einer FMEA erfolgt vorrangig in frühen Entwicklungsphasen, da potenzielle Fehlzustandsarten somit kostengünstig behoben werden können. Nach dem Vorbild der DIN EN 60812 [34] wird die folgende Vorlage eines FMEA Arbeitsblatt verwendet (s. Tabelle 3.4).

Mithilfe der bisherigen Ergebnisse aus Kapitel 3 und der beschriebenen Vorgehensweise aus der DIN 60812 [34] wird im Folgenden gemäß der Vorlage des

Tab. 3.4 Erläuterungen zum verwendeten FMEA Arbeitsblatt

Eintrag	Beschreibung
Bezeichnung der Einheit	Name des zu untersuchenden (Sub-) Systems/ Moduls.
Ausfallart	Art und Weise möglicher Ausfälle des zu untersuchenden (Sub-) Systems/ Moduls.
Ausfallart-Code	Dreistelliger Zahlencode zur unmissverständlichen Identifizierung der entsprechenden Ausfallart. Erleichtert die Dokumentation der Resultate.
Mögliche Ausfallursachen	Menge der möglichen Ursachen für die entsprechende Ausfallart.
Lokale Auswirkungen	Beschreibung der Auswirkungen der entsprechenden Ausfallart auf das zu untersuchende (Sub-) System/ Modul.
Auswirkungen auf die Zieleinheit	Beschreibung der Auswirkungen der entsprechenden Ausfallart auf die Zieleinheit. Die Zieleinheit ist hierbei das System, für welches die Endauswirkungen bestimmt werden sollen (Hier: AVP-System).
Erkennungsmethode	Beschreibung, auf welche Art und Weise die Ausfallart identifiziert werden kann. Dies kann automatisch durch das System oder diagnostisch durch entsprechendes Personal erfolgen.
Vorkehrungen zur Risikominimierung	Menge der Merkmale des Gesamtsystems, welche zur Minimierung des entsprechenden Risikos eingesetzt werden sollen.
Schwereklasse	Beschreibung des Schwereniveaus der entsprechenden Ausfallart. Dabei können Ganzzahlen von 1 bis 10 vergeben werden, wobei die Schwere mit steigender Zahl zunimmt.
Häufigkeit	Beschreibung der Eintrittsrate der entsprechenden Ausfallart. Dabei können Ganzzahlen von 1 bis 10 vergeben werden, wobei die Häufigkeit mit steigender Zahl zunimmt (Wird auch oft Eintrittswahrscheinlichkeit genannt).

eben beschriebenen Arbeitsblattes aus Tabelle 3.4 die FMEA durchgeführt. Hierfür wurde das Ablaufdiagramm aus [34] herangezogen (s. Abbildung A.10 im elektrischen Zusatzmaterial).

3.3.2 Maßnahmen zur Risikoreduzierung

Ausfallarten können die Auslöser anderer Ausfallarten auf höherer Ebene sein, was eine Kette an Ausfällen und letztendlich den Stillstand des Systems bedeuten kann. Aus diesem Grund ist es wichtig, das Risiko für alle bekannten Ausfallarten möglichst gering zu halten. Hierzu wurden Ausfallwirkungen und -ursachen aller Ausfallarten untersucht, um ein Maß für die Schwere und Häufigkeit der Ausfallarten bestimmen zu können. Ausgehend von diesen Einschätzungen können im nächsten Schritt Erkennungsmethoden und Ausfallkompensierungsmaßnahmen definiert werden, welche dabei helfen, das Risiko einer Ausfallart letztendlich zu minimieren. Zum Zwecke der Risikominimierung und der damit eingehenden Sicherheitssteigerung des gesamten AVP Systems wurden folgende Maßnahmen getroffen:

- **Einsatz eines Sicherheitsfahrers:** Um die Sicherheit des zu entwickelnden AVP Systems im späteren realen Einsatz zu jeder Zeit gewährleisten zu können, soll sich zu jeder Zeit ein Sicherheitsfahrer im Fahrzeug befinden. In gefährlichen Situationen, in welchen Kollisionen mit umliegenden Objekten bevorstehen, kann der Sicherheitsfahrer die automatisierte Fahrfunktion durch manuelle Eingriffe übersteuern. Für die vorliegende Entwicklung spielt dieser Punkt jedoch keine Rolle, da das AVP System im Rahmen dieser Arbeit lediglich in der Simulation angewendet wird. Zur Vollständigkeit wurde diese Maßnahme dennoch präsentiert.
- **Reduzierte Höchstgeschwindigkeit:** Durch eine reduzierte Höchstgeschwindigkeit sinkt zunächst das Ausmaß potenzieller Kollisionen. Zusätzlich erleichtert es dem Sicherheitsfahrer im realen Verkehr einzugreifen, da das Verhältnis zwischen der menschlichen Reaktionszeit und der Zeit zum Reagieren, bevor eine kritische Situation eintritt, deutlich reduziert wird. Die zulässige Höchstgeschwindigkeit für den automatisierten Betrieb beträgt deshalb 5 km/h. Dies wurde zuvor auch in der Anforderungsanalyse festgelegt (s. Abbildung A.10 im elektrischen Zusatzmaterial).
- **Fußgängerverbot auf automatisiertem Streckenbereich:** Um die Wahrscheinlichkeit für Kollisionen mit Passanten im automatisierten Betrieb zu reduzieren, soll es Fußgängern untersagt sein, den Bereich zu betreten, in welchem das Fahrzeug automatisiert betrieben wird. Dieser Bereich soll also in irgendeiner

Form abgesperrt werden, um Fußgängern zu signalisieren, dass ihr Aufenthalt in diesem Gebiet nicht gestattet ist. Da Fußgänger auf Parkplätzen in den meisten Fällen aber über die Straße laufen müssen, sollen Zebrastreifen im Bereich der manuellen Fahrzeugführung zur Verfügung gestellt werden. Denkbar hierfür sind Bereiche vor der Drop-Off Zone oder nach der Pick-Up Zone.

Das Ergebis der FMEA kann im Anhang A.4 im elektronischen Zusatzmaterial eingesehen werden.

3.4 Systemeingrenzungen im Zuge dieser Arbeit

Die gesamte Analyse und Darstellung des AVP Systems aus Kapitel 3 definiert ein ganzheitliches System zur serientauglichen Umsetzung. Der Fokus dieser Arbeit liegt jedoch auf dem Kernprinzip des AVP Systems. Deshalb behandelt diese Masterarbeit vor allem die Untersuchung und Realisierung des Subsystems Fahrzeug. Die Subsysteme wurden zuvor in Abschnitt 3.1.3 definiert (s. Tabelle 3.2). Somit wird keine Kommunikation von oder zum Fahrzeug untersucht. Dies betrifft vor allem die Kommunikation mit der Parkanlage zum Erhalt der detaillierten Karte der Parkanlage. Im Folgenden liegt dem Fahrzeug also bereits eine Karte der Parkanlage vor, ohne sie zuvor von einem anderen System erhalten zu müssen. Betrachtet man die Zustandsdiagramme aus Abschnitt 3.2.1, bedeutet das, dass die Zustände *System initialisiert* beider Prozesse außer Acht gelassen werden. Es wird auch nicht weiter untersucht, wie der Einpark- und Abholvorgang tatsächlich beendet wird. Dies werden Aufgaben späterer Untersuchungen werden.

Weiterhin wurde im Zuge der Arbeiten mit *Autoware.AI* festgestellt, dass es mit der aktuellen Version keine Möglichkeit zum Rückwärtsfahren gibt. Dieses Feature sollte ursprünglich implementiert werden, wurde jedoch nach einiger Zeit unterbrochen und nie mit aufgenommen [36] [37]. Eigenen Recherchen zufolge hat das AVP System von *Parkopedia* ebenfalls *Autoware.AI* verwendet. Das von ihnen entwickelte AVP System ist jedoch in der Lage, rückwärts zu fahren. Auch nach expliziter Anfrage, wurden über die notwendigen Änderungen und Anpassungen keine Informationen bekannt gegeben. Deshalb wird das gesamte AVP System so ausgelegt, dass Rückwärtsfahren kein einziges Mal notwendig sein wird. In diesem Zusammenhang muss sowohl die physikalische Umgebung der Parkanlage, als auch die semantische Karte, welche zur Routenplanung notwendig ist, entsprechend angepasst sein.

Angesichts der langen Warte- und Lieferzeiten aufgrund der aktuell herrschenden Covid-19 Pandemie muss das vorliegende System ohne die Verwendung von Ultraschallsensoren entwickelt werden. Zusätzlich gab es temporäre Probleme mit den Kamerasystemen, weshalb diese ebenfalls nicht verwendet werden konnten. Das System verwendet zur Umgebungserfassung demnach lediglich den Lidarsensor. Durch die Nutzung von Ultraschallsensoren und Kameras kann das System in der Zukunft jedoch noch sicherer gestaltet werden.

Umsetzung des AVP Systems in der Simulation

4

Im Folgenden wird das zuvor entworfene AVP System nun in der Simulation umgesetzt und getestet. Wie in Tabelle 2.2 aus Abschnitt 2.2.2.2 dargestellt wird, wird hierzu die open source Software *CARLA* verwendet. Hierfür wird zuallererst je ein Modell des Fahrzeugs und der Umwelt benötigt. Für *CARLA* existiert bereits ein Modell des Forschungsfahrzeugs. Um potenzielle Fehler aufgrund falscher Modelleigenschaften ausschließen zu können, wird das bestehende Fahrzeugmodell zunächst auf ihre Korrektheit bezüglich des realen Fahrzeugs untersucht. Unter Berücksichtigung der aufgestellten Anforderungen und der Funktionseinschränkungen wird anschließend eine entsprechende Umwelt modelliert. Das Umweltmodell besteht hierbei aus drei verschiedenen Karten. Die Notwendigkeit und der Nutzen jeder einzelnen Karte wird im entsprechenden Abschnitt näher erläutert. Darauf folgt die Untersuchung und letztendliche Auswahl der zu verwendenden *Autoware.AI* Nodes. Dabei beschreiben Nodes eigenständige Programme unter *ROS*, welche kooperativ eingesetzt werden können und logische Operationen ausführen. Basierend auf die in Abbildung 3.3 definierten Softwaremodule des AVP Systems werden schließlich hilfreiche Nodes präsentiert und zeitgleich dargestellt, welche Systemanforderungen durch ihre Nutzung abgedeckt werden können.

Ergänzende Information Die elektronische Version dieses Kapitels enthält Zusatzmaterial, auf das über folgenden Link zugegriffen werden kann https://doi.org/10.1007/978-3-658-43117-4_4.

Ö. Dönmez, *Entwicklung eines Automated Valet Parking Systems im Rahmen des Forschungsprojekts ANTON*, BestMasters, https://doi.org/10.1007/978-3-658-43117-4_4

37

4.1   Fahrzeug- und Umweltmodellierung

Im Folgenden wird als erstes die Modellierung des Fahrzeugs und der Umwelt behandelt. Das bereits bestehende Fahrzeugmodell wurde von *Streetdrone* entwickelt. Zunächst wird dieses Modell auf die wichtigsten Eigenschaften im Bezug auf das zu entwickelnde AVP System untersucht, um die Korrektheit des Modells zu verifizieren. Daraufhin wird die benötigte Umwelt modelliert. Das entwickelte Umweltmodell berücksichtigt dabei sowohl die gestellten Anforderungen an das AVP System, als auch die definierten Einschränkungen des AVP Systems im Zuge dieser Arbeit.

4.1.1   Fahrzeugmodell

Die zugrunde liegende Arbeit legt die Grundlage für ein reales AVP System für das Forschungsfahrzeug des Projektes ANTON. Deshalb ist es unabdingbar, dass die Realität korrekt abgebildet werden muss. Hierzu muss das Fahrzeugmodell einige wichtige Eigenschaften erfüllen. Um herauszufinden, welche Eigenschaften des Modells im Bezug auf das AVP System besonders zu beachten sind, ist es hilfreich, zunächst darzustellen, wie das Fahrzeug durch das System gesteuert werden soll. Die Analyse möglicher Anwendungsfälle durch das Heranziehen der Informationen aus dem Lastenheft und der Zustandsdiagramme führt zur Erkenntnis, dass kritische Situationen vor allem beim Einlenken entstehen. Folgende Modelleigenschaften sind deshalb besonders interessant:

- **Maximaler Lenkwinkel:** Entspricht der maximale Lenkwinkel des Modells nicht dem des tatsächlichen Fahrzeugs, so können Fehlkalkulationen zu Kollisionen mit nebenstehenden Objekten führen.
- **Fahrzeugbreite und -länge:** Stimmen die Breite und die Länge des Modells nicht mit den entsprechenden Werten des realen Fahrzeugs überein, so kann es zu Zusammenstößen beim Einparken in eine Parklücke kommen. Dasselbe gilt für den Prozess des Ausparkens aus einer Parklücke.
- **Sensorpositionen:** Alle Sensoren, welche für den Zweck der Objektidentifizierung verwendet werden, müssen sich im Modell an der korrekten Stelle befinden. Ansonsten kann die unterschiedliche Umgebungswahrnehmung unentdeckte fehlerhafte Berechnungen hervorbringen, was wiederum zu Kollisionen führen kann.

Die Analyse und der Vergleich der Eigenschaften des realen Fahrzeugs mit den des Modells ergibt, dass es keine nennenswerten Abweichungen gibt. Somit kann das Modell für die folgende Entwicklung ohne Weiteres verwendet werden. Abbildung 4.1 zeigt einen ersten Blick auf das verwendete 3D-Modell des Fahrzeugs.

Abb. 4.1 3D-Modell des Forschungsfahrzeugs in der Simulationsumgebung *CARLA*

4.1.2 Umweltmodell

Zur Entwicklung und Absicherung des AVP Systems in der Simulation wird eine entsprechend ausgestattete Parkanlage benötigt. Die Anforderungen an diese Parkanlage lassen sich durch die Betrachtung der aufgestellten Anforderungen an das Gesamtsystem aus Abschnitt 3.1 ableiten. Eine herkömmliche Parkanlage muss demnach um getrennte Ein- und Ausfahrten inklusive entsprechender Drop-Off- und Pick-Up Zonen erweitert werden. Zusätzlich ist die Einschränkung der Bewegungsrichtung zu beachten. Demnach müssen die Parkplätze so angeordnet werden, dass es in keiner Situation notwendig ist, rückwärts zu fahren. Zur zweckmäßigen Verwendung des geplanten AVP Systems muss dieses Umweltmodell auf drei verschiedene Arten erzeugt werden, welche im Folgenden gesondert dargestellt werden. In diesem Zusammenhang wird die Entwicklung und die Notwendigkeit jeder einzelnen Repräsentation erläutert.

4.1.2.1 Geometrische Karte

Die geometrische Karte ist die Grundlage aller anderen Darstellungen und repräsentiert die physikalische Umwelt, in welcher sich das Fahrzeug in der Simulation bewegen können soll. Für ihre Entwicklung musste zuallererst der befahrbare

Bereich der Parkanlage erstellt werden. Die empfohlene Software für die Erstellung eines Umweltmodells zur Verwendung in *CARLA* ist *RoadRunner* von *MathWorks*. Unter Berücksichtigung der Anforderungen an die Parkanlage wurde ein passender Straßenplan für die Simulation entworfen (s. Abbildung 4.2 (a)). Dieser Plan besitzt je eine Ein- und Ausfahrt sowie insgesamt 55 Parkplätze. Die Parkplätze sind hierbei so angeordnet, dass es lediglich eine Strecke gibt, welche zur Ausfahrt aus der Parkanlage führt, wodurch der Parkraum möglichst effizient genutzt werden kann. Zusätzlich wurden alle Parkplätze von beiden Seiten bewusst offen gelassen. Dies stellt sicher, dass das Fahrzeug in jeden Parkplatz problemlos vorwärts ein- und ausparken kann. Mithilfe der *Unreal Engine* wurde die Straße um eine passende Umgebung erweitert und die geometrische Karte somit finalisiert (s. Abbildung 4.2 (b)).

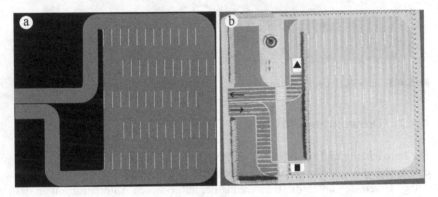

Abb. 4.2 (a) Straßenplan zur Verwendung für die geometrische Karte aus der Vogelperspektive, (b) Markierte geometrische Karte der Parkanlage aus der Vogelperspektive

Um logisch zusammenhängende Fahrbahnabschnitte verständlich darzustellen, ist die Karte aus Abbildung 4.2 (b) entsprechend gekennzeichnet. Der horizontal gestrichelte Bereich stellt hierbei die Fahrbahn dar, welche zur manuellen Führung des Fahrzeugs gedacht ist. Die vertikal gestrichelte Fläche wird ausschließlich für den automatisierten Betrieb verwendet. Zum Überqueren der Straße wurden im manuell betriebenen Bereich Zebrastreifen zur Verfügung gestellt. Wie in Abschnitt 3.4 vorgeschlagen, liegen diese außerhalb des automatisierten Bereichs, um das Risiko für Unfälle durch Zusammenstöße bereits durch die Anwendung von Regularien zur Nutzung der Parkanlage zu minimieren. Zusätzlich ist der Bereich für den automatisierten Betrieb des Fahrzeugs mit Grünflächen, Absperrungen und

Hecken vom restlichen Bereich abgetrennt. Sowohl die Drop-Off- als auch die Pick-Up Zone ist mit einem weißen Rechteck auf der Straße gekennzeichnet. Somit wird dem Benutzer des Systems unmissverständlich gezeigt, wo das Fahrzeug abzustellen und wo es abzuholen ist. Dabei repräsentiert das Rechteck die Drop-Off Zone und das Dreieck die Pick-Up Zone. Die Einfahrt sowie die Ausfahrt wird mit Pfeilen auf der Fahrbahn entsprechend dargestellt.

4.1.2.2 Punktwolkenkarte

Eine Punktwolkenkarte ist eine dreidimensionale Darstellung der Umgebung durch eine Vielzahl an Punkten (s. Abbildung 4.3). Im Zuge dieser Entwicklung wird sie benötigt, um eine präzise Lokalisierung des Fahrzeugs zu ermöglichen. Die Lokalisierung des Fahrzeugs erfolgt nämlich in zwei Schritten. Zunächst wird das Fahrzeug durch das empfangene GNSS Signal initial lokalisiert. Da diese Lokalisierungsmethode nicht präzise genug ist, werden im nächsten Schritt die Daten des Lidarsensors mit den Punkten der zuvor erfassten Punktwolkenkarte verglichen, wodurch die Position des Fahrzeugs präziser bestimmt werden kann. Für die neue geometrische Karte muss deshalb als Nächstes eine Punktwolkenkarte generiert werden. Hierzu werden die Ausgaben des Lidarsensors des Fahrzeugs zunächst in einem ROSBAG abgespeichert. Ein ROSBAG ist hierbei eine Aufzeichnung ausgewählter Sensordaten, welche im Nachgang beliebig oft abgespielt werden kann. Dies erleichtert die Entwicklung und das Debugging, da sie erlauben eine Situation zu reproduzieren, sofern die notwendigen Sensordaten aufgezeichnet wurden. Um

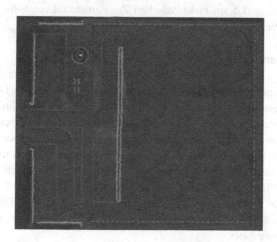

Abb. 4.3 Punktwolkenkarte des simulierten Umweltmodells

Lidarsensordaten der gesamten Umgebung zu erhalten, wird die Parkfläche komplett abgefahren, während das ROSBAG aufgezeichnet wird. Die Erstellung des ROSBAGs geschieht über den *Autoware Runtime Manager*. Darin lassen sich alle eingebundenen Nodes zur Aktivierung und Steuerung automatisierter Fahrfunktionen starten, sowie *ROS* Befehle und Komponenten ausführen. Das generierte ROSBAG wird als Nächstes abgespielt, um die Punktwolkenkarte durch Normal Distribution Transform (NDT) mapping zu erstellen. In [38] wird NDT als eine Verteilung aller rekonstruierten zweidimensionalen Punkte einer Ebene durch eine Menge an lokalen Normalverteilungen beschreiben. Dieses Prinzip lässt sich problemlos auch auf dreidimensionale, räumliche Umgebungen anwenden. Demnach beschreibt NDT mapping die Kartenerstellung durch eine probabilistische Verteilung aller dreidimensionalen Punkte durch eine Menge an lokalen Normalverteilungen. Hierzu wird die dreidimensionale Umgebung des Fahrzeugs zunächst in gleich große Würfel unterteilt. Für jeden dieser Würfel im Raum werden im Anschluss folgende Schritte durchgeführt:

1. Sammeln aller dreidimensionalen Punkte $x_{i=1..n}$ innerhalb des Würfels.
2. Berechnung des Mittelwertes $q = \frac{1}{n} \sum_i x_i$.
3. Berechnung der Kovarianzmatrix $\sum = \frac{1}{n} \sum_i (x_i - q)(x_i - q)^t$.

Dadurch wird für jeden Punkt innerhalb des Würfels die Wahrscheinlichkeit berechnet, durch einen Punkt des Lidarsensor repräsentiert zu werden. Die gesamte Berechnung erfolgt über den ROS Node *ndt_mapping* aus dem Lokalisierungsmodul von Autoware. Anhang A.5 im elektronischen Zusatzmaterial zeigt die verwendeten Werte für die Parameter des *ndt_mapping* Nodes.

4.1.2.3 Semantische Karte

Die semantische Karte dient zur Unterstützung der Routenplanung. Neben Informationen zur Spurbreite und -länge kann sie unter anderem auch Daten zu Fußgängerüberwegen, Verkehrszeichen, Lichtsignalanlagen und Stopplinien enthalten. Durch die Verwendung einer semantischen Karte liegt dem Fahrzeug eine mögliche Route zum Erreichen eines beliebigen Ziels innerhalb der Karte aus jedem Punkt der semantischen Karte vor. Solch eine Karte muss folglich mindestens für den fahrbaren Bereich der geometrischen Karte verfügbar sein, in welchem ein automatisierter Betrieb des Fahrzeugs vorgesehen ist. Die zu erreichenden Ziele sind hierbei alle vorhandenen Parkplätze und die Pick-Up Zone. Die verwendete Software zur Erstellung der semantischen Karte ist die open source Anwendung *ASSURE mapping tools*.

Zunächst muss untersucht werden, wie die semantische Karte aufgebaut sein soll. Hierzu werden das Lastenheft und die Zustandsdiagramme herangezogen. Die Diagramme zeigen, dass das Fahrzeug die Karte der Parkanlage von der Infrastruktur erhält. Eine entsprechende Kommunikation zwischen Fahrzeug und Infrastruktur findet immer vor dem Ein- und dem Ausparkvorgang statt. Hier lässt sich die Frage stellen, ob es tatsächlich notwendig ist, dem Fahrzeug immer eine Karte der gesamten Parkanlage zu übersenden. Eine vollständige Karte würde mehr Speicherplatz in Anspruch nehmen und vor allem mehrdeutige Routenführungen zulassen. Aufgrund der Tatsache, dass immer eine Verbindung zur Infrastruktur aufgebaut wird, bevor sich das Fahrzeug bewegt, wurde entschieden, dem Fahrzeug immer nur einen Teil der semantischen Karte zur Verfügung zu stellen. Dieser besteht aus der optimalen Route zwischen der aktuellen Position und dem gewünschten Routenziel. Im Allgemeinen sind das zum einen die Route von der Drop-Off Zone zu einem spezifischen Parkplatz der Parkanlage und zum anderen die Route von einen bestimmten Parkplatz zur Pick-Up Zone. Anforderung 26 und Anforderung 29 halten fest, dass das System den Parkplatz zunächst überprüfen muss, bevor das Fahrzeug eingeparkt wird. Nun wurde in Abschnitt 3.4 beschrieben, dass das System unter Autoware.AI nicht in der Lage ist, rückwärts zu fahren. Um die Länge und die Breite des gewünschten Parkplatzes aber vollumfänglich überprüfen und ausmessen zu können, sollte das Fahrzeug optimalerweise direkt vor dem Parkplatz stehen, sodass der Lidarsensor (X in Abbildung 4.4) den gewünschten Parkplatz (Rechteck in Abbildung 4.4) direkt erfassen kann (s. Abbildung 4.4).

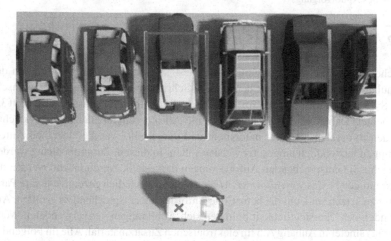

Abb. 4.4 Optimale Position des Fahrzeugs zum Überprüfen des gewünschten Parkplatzes

In diesem Zustand ist es aufgrund der Einschränkungen der Fahrtrichtung jedoch nicht mehr möglich von dieser Seite einzuparken. Um das Risiko für unerkannte Hindernisse auf dem Parkplatz nicht unnötigerweise zu erhöhen wurde die semantische Karte deshalb so entwickelt, dass das Fahrzeug zunächst vor dem Parkplatz anhalten kann, um ihn auf Objekte zu untersuchen. Wenn der Parkplatz groß genug ist, startet das System die Route zum Parkplatz, um auf der anderen Seite einzuparken. Abbildung 4.5 zeigt beispielhaft, wie die Routen zum Ein- und Ausparken für einen bestimmten Parkplatz aussehen.

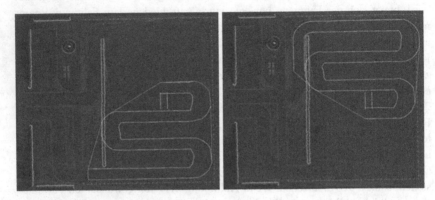

Abb. 4.5 Semantische Karte eines Parkplatzes. Links: Route des Einparkvorgangs, rechts: Route des Abholvorgangs

4.2 Umsetzung der Systemanforderungen

Nachdem nun alle Voraussetzungen für die Umsetzung des AVP Systems in der Simulation erfüllt wurden, ist der nächste Schritt die Realisierung des gewünschten Systems. Hierfür werden im Folgenden die Anforderungen aus Abschnitt 3.1 betrachtet. Dabei werden nacheinander die Anforderungen aller zu berücksichtigenden Subsysteme separat untersucht und dargestellt, wie die einzelnen Anforderungen letztendlich umgesetzt werden sollen. In diesem Zusammenhang werden zunächst die entsprechenden Anforderungen dargestellt. Anschließend werden die notwendigen Nodes von *Autoware.AI* genannt und zusätzlich gezeigt, wie ihre Parameter zu setzen sind, um die betroffene Anforderung entsprechend zu erfüllen. Aus Gründen der Übersichtlichkeit befinden sich Abbildungen der verwendeten Werte aller Parameter in Anhang A.5 im elektronischen Zusatzmaterial. Alle im Folgenden

beschriebenen Nodes müssen aktiviert werden, um die korrekte Funktionsweise des
AVP Systems zu gewährleisten.

4.2.1 Umgebungserfassung

Die Umgebungserfassung ist das erste zu betrachtende Modul. Tabelle 4.1 zeigt die
entsprechenden Anforderungen an das Modul.

Tab. 4.1 Anforderungen an die Umgebungserfassung

ID	Beschreibung
18	Wenn sich statische Objekte mit einer Mindesthöhe von 12cm im Umkreis von bis zu 4 m um das Fahrzeug befinden, muss das System diese als solche erkennen
19	Wenn sich dynamische Objekte mit einer Mindesthöhe von 12 cm im Umkreis von bis zu 4 m um das Fahrzeug befinden, muss das System diese als solche erkennen
26	Beim Einparken muss das System die Breite des verfügbaren Parkplatzes überprüfen
29	Beim Einparken muss das System den verfügbaren Parkplatz auf Objekte überprüfen

4.2.1.1 Objekterfassung und -erkennung

Zur Objekterkennung muss die Umgebung zunächst korrekt erfasst werden. Hierzu
wird der vorhandene Lidarsensor verwendet. Um die hohe Auflösung und die hohe
Dichte der durch den Sensor aufgenommenen Punkte zu reduzieren, wird ein sogenannter Voxel Grid Filter verwendet. Dabei wird die Punktwolke des Lidarsensors
meist in Würfel mit fester Größe unterteilt. Alle Punkte werden schließlich durch
den Mittelpunkt des entsprechenden Würfels dargestellt. Dadurch kann die Anzahl
der Punkte deutlich reduziert werden, ohne wichtige Eigenschaften der Objekte
aus der Umgebung zu verlieren [39]. Der Node, welcher hierfür verwendet wird,
ist *voxel_grid_filter* unter *Points Downsampler* im Abschnitt *Sensing* des Runtime
Managers (s. Abbildung A.10 im elektrischen Zusatzmaterial).

Für eine korrekte Segmentierung der Objekte im nächsten Schritt muss der Boden
entfernt werden. Hierzu wird ein Ray Ground Filter verwendet. Dadurch wird die
Objekterkennung einfacher und schneller gestaltet, da sowohl die Punktwolke reduziert wird, als auch Objekte vom Boden getrennt betrachtet werden können. Diese
Funktion lässt sich durch den Node *ray_ground_filter* unter *Points Preprocessor* im
Abschnitt *Sensing* des Runtime Managers aktivieren (s. Abbildung A.10 im elektrischen Zusatzmaterial).

Um nun Objekte in der Umgebung erkennen zu können, müssen schließlich zwei Nodes aus *Detection* im Abschnitt *Computing* des Runtime Managers aktiviert werden. *lidar_euclidean_cluster_detect* verwendet die euklidische Distanz zwischen benachbarten Punkten der Punktwolke, um sie zu einem Objekt zusammenzufassen (s. Abbildung A.10 im elektrischen Zusatzmaterial). Das Ergebnis des euklidischen Clusterverfahrens wird in Abbildung 4.6 (b) dargestellt. Die erkannten Objekte werden schließlich durch *lidar_shape_estimation* untersucht, wodurch eine Schätzung ihrer Formen berechnet wird (s. Abbildung A.10 im elektrischen Zusatzmaterial). Durch sogenanntes L-Shape Fitting wird für jedes geclusterte Objekt das passendste Rechteck gefunden [40]. Abbildung 4.6 (c) zeigt, dass die Schätzung der Objektform meist gut gelingt. Je weiter ein Fahrzeug weg ist und je mehr es von anderen Fahrzeugen bedeckt wird, desto ungenauer wird die Schätzung ihrer tatsächlichen Form.

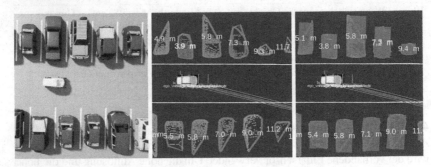

Abb. 4.6 Objekterkennung durch *Autoware.AI*. (a) Umgebung des Fahrzeugs in CARLA, (b) Ergebnis nach euklidischem Clusterverfahren, (c) Ergebnis nach Schätzung der Form durch L-Shape Fitting

Aufgrund der Tatsache, dass dieses AVP System lediglich einen Lidarsensor zur Objekterkennung verwendet, konnten Anforderung 18 und 19 nicht vollständig erfüllt werden. Objekte mit einer Mindesthöhe von zwölf Zentimetern können erst ab einer Entfernung von acht Metern identifiziert werden. Jedoch sind die relevanten Objekte deutlich größer als zwölf Zentimeter, weshalb diese Nichterfüllungen keine sogenannten Showstopper sind.

4.2.1.2 Überprüfen des gewünschten Parkplatzes
Für die Überprüfung des Zielparkplatzes vor dem Einparken wurde ein Python Skript entwickelt. Anhang A.6 im elektronischen Zusatzmaterial zeigt den Docstring

der Klasse Scanner, welche hierfür implementiert wurde. Darin werden die notwendigen Attribute sowie Funktionen dargestellt und beschrieben. Listing 4.1 zeigt die verwendete main-Funktion.

```
1  if __name__ == '__main__':
2      rospy.init_node("AVP_node", anonymous=True)
3      scanner = Scanner()
4      rospy.Subscriber("/based/lane_waypoints_array",
5                      LaneArray, scanner.callback_waypoints)
6      rospy.Subscriber("/op_destinations_rviz", MarkerArray,
       scanner.callback_destination)
7      rospy.Subscriber("/detection/shape_estimation/objects",
8                      DetectedObjectArray, scanner.
       callback_objects)
9      rospy.Subscriber("/current_pose", PoseStamped, scanner.
       callback_position)
10     rospy.spin()
```

Listing 4.1 main-Funktion aus *avp_scanner.py*

Für die Parkplatzüberprüfung müssen insgesamt vier ROS Topics abonniert werden. Diese werden im Folgenden beschrieben. Zeitgleich wird dargelegt, weshalb sie benötigt werden, um ein grundlegendes Verständnis für die darauffolgende Erklärung der gesamten Implementierung zu schaffen.

- **/current_pose:** Liefert die Information über die aktuelle Position des Fahrzeugs im Raum. Hierbei wird die Position relativ zum Ursprung des globalen Koordinatensystems angegeben.
- **/based/lane_waypoints_array:** Die sogenannten Waypoints werden benötigt, um die Ausrichtung des Fahrzeugs im Raum berechnen zu können. Dies erfolgt anhand der räumlichen Lage der zwei dem Fahrzeug am nächsten liegenden Waypoints zueinander.
- **/op_destinations_rviz:** Enthält Informationen über den Mittelpunkt des gewünschten Parkplatzes im Raum, nachdem das dedizierte Routenziel ausgewählt wurde. Dadurch kann bestimmt werden, wo sich der gewünschte Parkplatz befindet, um ihn auf Objekte überprüfen zu können.
- **/detection/shape_estimation/objects:** Umfasst eine gesamte Liste der vom Fahrzeug erfassten Objekte in der Umgebung. Aus dieser können relevante Objekte herausgefiltert werden. Daraufhin werden auf Grundlage des Mittelpunkts und der erfassten Punkte der jeweiligen Objekte bestimmt, ob sich mindestens eines dieser Objekte auf dem gewünschten Parkplatz befindet.

Die jeweilgen Callback-Funktionen der Topics werden dazu genutzt die entsprechenden Daten abzuspeichern. Dabei sind die Callback-Funktionen die Program-
mabschnitte welche jedes Mal aufgerufen werden, sobald das entsprechende Topic
aktualisiert wird. Zeile 6 in Listing 4.1 ruft beispielsweise immer dann die Methode
callback_destination auf, wenn auf Topic */op_destinations_rviz* eine neue Nach-
richt veröffentlicht wurde. Schließlich wird das Fahrzeug in der Callback-Funktion
callback_position für das Topic */current_pose* angehalten, wenn der dazugehörige
Wahrheitswert entsprechend gesetzt ist und die Funktion *scan* aufgerufen. Listing
4.2 zeigt den Aufbau der Funktion *scan* aus *avp_scanner.py*.

```
1   def scan(self):
2       """
3       Scan the desired parking lot.
4
5       """
6       # If the car is close enough to the parking lot and
        there has been
7       # no scan yet: start scanning
8       if (self.dest_pos[0] - 2 < self.car_pos[0] < self.
        dest_pos[0]
9           and self.dest_pos[1] - self.car_pos[1] <= 9
10          and not self.scan_finished):
11          self.car_stopped = True
12          desired_parkinglot = self.dest_pos
13          self.collect_objects()
14          self.check_parking_lot(self.transform_coordinates
        ())
15          if self.is_occupied:
16              print("Desired parking lot is occupied.")
17              while desired_parkinglot == self.dest_pos:
18                  pass
19              print("Start route to the next parking lot.")
20              self.scan_finished = False
21              self.car_stopped = False
22              self.scan()
23          else:
24              print("Desired parking lot is free.")
25              self.car_stopped = False
```

Listing 4.2 Funktion *scan* aus *avp_scanner.py*

Dabei wird zuallererst überprüft, ob sich das Fahrzeug dem Parkplatz angenähert
hat. In diesem Zusammenhang werden die globalen Koordinaten des Fahrzeug mit
den globalen Koordinaten des Parkplatzes verglichen. Zum besseren Verständnis
wird in Abbildung 4.7 dargestellt, wie das globale Koordinatensystem ausgerichtet
ist. Da die z-Achse die Höhe repräsentiert und die gesamte Parkanlage flach ist, wird
im gesamten Skript lediglich die x-y-Ebene betrachtet. Die zusätzliche Bedingung,

dass der Wahrheitswert in *scan_finished* gleich *False* sein muss, stellt sicher, dass
der Scanvorgang für jeden gewünschten Parkplatz nur einmal durchgeführt wird.

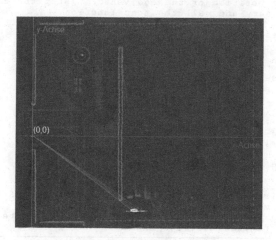

Abb. 4.7 Ausrichtung des globalen Koordinatensystems

Der erste Schritt der Funktion *scan* ist das Anhalten des Fahrzeugs. Hierfür wird
der Wahrheitswert in *car_stopped* auf *True* gesetzt. Dadurch wird das Fahrzeug
mithilfe eines *Publishers* in der Callback-Funktion *callback_position* zum Stillstand
gebracht (s. Listing 4.3). Initial wird der Wert von *car_stopped* auf *False* gesetzt,
wodurch das Fahrzeug anfangs nicht angehalten wird.

Hiernach werden die relevanten Objekte aus der Umgebung des Fahrzeugs in eine
neue Objektliste gespeichert. Diese neu erstellte Objektliste enthält alle Objekte,
deren Mittelpunkt vom Fahrzeug maximal neun Meter entfernt sind. Wie in der
if-Anweisung aus Listing 4.2 bereits festgelegt, beläuft sich die Distanz zwischen
Fahrzeug und gewünschtem Parkplatz auf maximal neun Meter. Deshalb sind alle
Objekte mit einer größeren Distanz zum Fahrzeug nicht relevant und können ausgeschlossen werden. Jeder Eintrag der Objektliste enthält Informationen über den
Mittelpunkt und alle erfassten Punkte des entsprechenden Objekts. Listing 4.4 zeigt
die Funktion *collect_objects* aus *avp_scanner.py*.

Als Nächstes wird der gewünschte Parkplatz auf Objekte überprüft. Hierfür wird
das Routenziel als Referenz für den gewünschten Parkplatz verwendet. Folgende
zwei Bedingungen müssen erfüllt sein, damit ein Parkplatz als frei angesehen werden
kann:

```
1  def callback_position(self, msgs):
2      """
3      Callback function of the topic "/current_pose".
4      Save the position of the ego vehicle, stop the car
5      if necessary and call the scan function.
6
7      Arguments:
8      msgs -- received message from topic "/current_pose"
9
10     """
11         if self.car_stopped == True:
12             self.stop_car()
13         self.car_pos = [msgs.pose.position.x, msgs.pose.
   position.y]
14         self.scan()
15
16  def stop_car(self):
17      """
18      Stop the ego vehicle.
19
20      """
21         decision_msgs = "VehicleReady\nWaitOrder\nStopping\
   nWaitDriveReady\n"
22         pub = rospy.Publisher("/decision_maker/state", String)
23         pub.publish(decision_msgs)
```

Listing 4.3 Funktion *callback_position* aus *avp_scanner.py*

1. Im Bereich [dest_pos[0] − 1, 25; dest_pos[0] + 1, 25] darf sich kein Objekt befinden.
2. Im Bereich [dest_pos[1] − 2; dest_pos[1] + 2] darf sich kein Objekt befinden.

Die notwendige Fläche des Parkplatzes wurde auf 2,5 m * 4 m festgelegt, da das Fahrzeug nicht rückwärts fahren kann und der Parkplatz dadurch groß genug ist, dass das System das Fahrzeug ohne korrigierende Eingriffe problemlos einparken kann. Zur folgenden Überprüfung des Parkplatzes werden zunächst die Koordinaten von insgesamt 28 Punkten des gewünschten Parkplatzes in das lokale Koordinatensystem des Fahrzeugs transformiert. Jeder dieser Punkte befindet sich auf der Außenlinie der zu überprüfenden Fläche des Parkplatzes. Gemeinsam mit allen Punkten der relevanten Objekte werden passende Vektoren gebildet und überprüft, ob sich die Vektoren des Objektes mit mindestens einem der Vektoren des Parkplatzes schneiden. Abbildung 4.8 zeigt bildhaft, wie die Überprüfung des gewünschten Parkplatzes mithilfe von Vektoren funktioniert.

Die horizontalen und vertikalen Vektoren bilden die Fläche des gewünschten Parkplatzes. Durch die Unterteilung der Länge des Parkplatzes in Richtung der

```
1  def collect_objects(self):
2      """
3      Collect relevant objects surrounding the ego vehicle.
4
5      """
6          self.object_list = []
7          # Iterate through object list of the ego vehicle
8          for msg in self.object_msgs.objects:
9              center_new_object = [msg.pose.position.x, msg.pose
   .position.y]
10
11             # If the distance between the car and the object
   smaller or equal to 9m
12             if((center_new_object[0] ** 2) + (
   center_new_object[1] ** 2)<= 81):
13                 points_object = []
14                 # Add x- and y-position of each point of the
   current
15                 # object to the points list
16                 for point in msg.convex_hull.polygon.points:
17                     points_object.append([point.x, point.y])
18                 # Add center and points list of each object
   the own object list
19                 self.object_list.append([center_new_object,
   points_object])
```

Listing 4.4 Funktion *collect_objects* aus *avp_scanner.py*

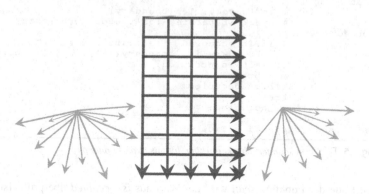

Abb. 4.8 Visuelle Darstellung der Parkplatzprüfung durch Vektoren

y-Achse in neun Vektoren und der Breite des Parkplatzes in Richtung der x-Achse in fünf Vektoren erkennt das System Objekte, die Größer sind als 0,625 m * 0,5 m. Die restlichen Vektoren haben ihren Ursprung im Mittelpunkt des entsprechenden Objekts und enden an einem durch den Lidarsensor erfassten Punkt. Wenn einer dieser Vektoren nun einen der horizontalen oder vertikalen Vektor schneidet, bedeutet das, dass der notwendige Platz zum Parken des Fahrzeugs nicht vollständig vorhanden ist. In solch einem Fall, wird der Parkplatz als belegt angesehen und der Wert von *is_occupied* wird auf *True* gesetzt. Ist die Situation aber wie in Abbildung 4.8 demonstriert, so ist der Wert in *is_occupied* für alle Überprüfungen *False* (s. Listing 4.5).

```python
def check_parking_lot(self, boundary):
    """
    Text

    Arguments:
    boundary -- 14 pairs of start and end points to create 14
                vectors representing a grid of the parking lot

    """
    scan_finished = False
    # Iterate through object list of the ego vehicle
    for obj in self.object_list:
        # Iterate through points list of the current object
        for point in obj[1]:
            # Iterate through points of the desired parking lot
            for i in range(0, len(boundary), 2):
                # Check if parking-lot-vector intersects object-vector
                self.is_occupied = self.intersect(
                    boundary[i], boundary[i+1], obj[0], point)
                if self.is_occupied:
                    break
            if self.is_occupied:
                break
        if self.is_occupied:
            break
    self.scan_finished = True
```

Listing 4.5 Funktion *scanner_check_parking_lot* aus *avp_scanner.py*

Am Ende der Funktion *scan* wird der Wert aus *is_occupied* überprüft. Ist der gewünschte Parkplatz belegt, so wartet das System, bis sich der gewünschte Parkplatz geändert hat. Nachdem er sich geändert hat, fährt das Fahrzeug weiter und durchläuft den gesamten Scan-Prozess erneut. Ist der gewünschte Parkplatz jedoch frei, so fährt das Fahrzeug weiter und fährt von der anderen Seite in den Parkplatz ein.

4.2.2   Lokalisierung

Als Nächstes werden die Anforderungen an das Lokalisierungsmodul untersucht (s. Tabelle 4.2).

Tab. 4.2 Anforderungen an die Lokalisierung

ID	Beschreibung
15	Das System muss zu jeder Zeit die Position des Fahrzeugs auf der Parkanlage kennen
16	Das System muss sicherstellen, dass die berechnete Position des Fahrzeugs maximal 10 cm von der tatsächlichen Position abweicht
17	Das System muss den Standort des Fahrzeug alle 100 ms aktualisieren

4.2.2.1 Positionsbestimmung

Wie in Abschnitt 4.1.2.2 bereits erläutert, wird zur Lokalisierung eine entsprechende Punktwolkenkarte benötigt. Zur Positionsbestimmung muss die Punktwolkenkarte im Runtime Manager demnach zunächst aktiviert werden. Dies erfolgt durch die Aktivierung der Karte unter *Point Cloud* im Abschnitt *Map*. Hierfür muss lediglich die zugehörige *.pcd* Datei ausgewählt werden. Die eigentliche Positionsbestimmung erfolgt mithilfe des Nodes *ndt_matching* unter *Localization* im Abschnitt *Computing* (s. Abbildung A.10 im elektrischen Zusatzmaterial).

4.2.2.2 Genauigkeit und Aktualisierungsrate

Zusätzlich zur funktionalen Anforderung der Möglichkeit zur Lokalisierung wurden ebenfalls qualitative Anforderungen an das Lokalisierungsmodul gestellt. Zu diesem Zweck wurden die Ergebnisse des Nodes *ndt_matching* untersucht. Hierfür wurde zunächst die berechnete Position des Fahrzeugs unter der Annahme untersucht, dass die Koordinaten dieselbe Abweichung in positive sowie negative Richtung der Achsen besitzen. Daraus ergeben sich folgende durchschnittliche Maximalabweichungen:

- Δ **x-Achse:** $0.062\,671\,661\,375\,\mathrm{m} \approx 6.3\,\mathrm{cm}$
- Δ **y-Achse:** $0.033\,573\,150\,6\,\mathrm{m} \approx 3.4\,\mathrm{cm}$

Durch die Kombination der Maximalabweichungen der beiden Achsen lässt sich mithilfe des Satz des Pythagoras die maximale mögliche Abweichung bestimmen. Diese beträgt circa 7,1 Zentimeter.

Für die Aktualisierungsrate wurde im Anschluss die Ausführungsdauer der NDT Matching Funktion betrachtet. Eine Untersuchung in der Simulation über einen Zeitraum von 24 Stunden hat ergeben, dass die einmalige Ausführung dieser Funktion maximal circa 14,56 Millisekunden beträgt. Somit wird die Position des Fahrzeugs spätestens alle 14,56 Millisekunden aktualisiert.

4.2.3 Routenplanung

In Tabelle 4.3 wird dargestellt, welche Anforderungen an die Routenplanung gestellt wurden.

Tab. 4.3 Anforderungen an die Routenplanung

ID	Beschreibung
4	Wenn der Parkvorgang gestartet wurde, soll das System eine optimierte Trajektorie zum nächsten freien Parkplatz planen
5	Wenn der Abholvorgang gestartet wurde, soll das System eine optimierte Trajektorie vom aktuellen Parkplatz zur Pick-Up Zone planen
14	Das System muss die Trajektorie anhand von Streckenabschnitten mit einer Länge von 1 m bestimmen
20	Wenn die Route zum nächsten Parkplatz geplant wurde, muss das System diesen Parkplatz reservieren
21	Wenn das Fahrzeug nach dem Abholvorgang die Pick-Up Zone erreicht hat, muss das System den zuvor belegten Parkplatz freigeben

4.2.3.1 Trajektorienplanung

Um eine Trajektorie zum gewünschten Routenziel planen zu können, muss zuallererst die semantische Karte geladen werden. Dies geschieht durch das Aktivieren von *Vector Map* im Abschnitt *Map*. Dort müssen lediglich die entsprechenden Dateien der semantischen Karte ausgewählt werden. Alternativ kann für die semantische Karte das sogenannte lanelet2 Format verwendet werden. In der vorliegenden Arbeit wurde jedoch das vector Format verwendet. Somit kann für die Funktionsweise des AVP Systems mit semantischen Karten im lanelet2 Format keine Aussage getroffen werden. Die geplante Trajektorie kann als optimiert bezeichnet werden, wenn sie einen akzeptablen Kompromiss zwischen Zeit, Strecke und Risiko darstellt. Im Zuge der Entwicklung der semantischen Karte aus Abschnitt 4.1.2.3 wurde festgelegt, dass die semantische Karte unterteilt werden soll und dem Fahrzeug somit immer nur die notwendigen Ausschnitte der Gesamtkarte zur Verfügung gestellt werden sollen. Diese notwendigen Ausschnitte repräsentieren zeitgleich die optimale Route zum gewünschten Ziel.

Zum Zwecke dieser Trajektorienplanung müssen insgesamt drei verschiedene Nodes gestartet werden. *lane_rule* und *lane_select* werden beide benötigt, um entsprechende Verkehrsregeln zu beachten. Die Informationen über die Verkehrsregeln werden der semantischen Karte entnommen. Beide Nodes befinden sich im Abschnitt *Computing* unter *lane_planner*. Abhängig von der semantischen Karte wird im Anschluss die Trajektorie geplant. Hierzu wird ein globaler Planer eingesetzt. Dieser wurde im Rahmen des Projekts ANTON eigenständig entwickelt, da eine Einheit zur lokalen Trajektorienplanung integriert wurde, welche der *open_planner* von *Autoware.AI* standardmäßig nicht besitzt. Der globaler Planer berechnet dabei zunächst die gesamte Trajektorie. Eine Trajektorie besteht hierbei aus mehreren Wegpunkten (waypoints), welchen jeweils ein Ort und eine Geschwindigkeit zugewiesen werden. Die lokale Trajektorienplanung sorgt im Anschluss dafür, dass die Geschwindigkeiten der Wegpunkte in Kurven abnimmt, um Kurvenfahrten sicherer zu gestalten. Listing 4.6 zeigt die *.launch* Datei, welche in diesem Zusammenhang entwickelt wurde.

Diese *.launch* Datei muss letztendlich nur noch in Autoware ausgeführt werden. Hierfür kann eines der freien Auswahlfelder unter *Quick Start* verwendet werden. Im Zuge dieser Entwicklung wurde die *.launch* Datei im Feld *Map* ausgeführt (s. Abbildung 4.9).

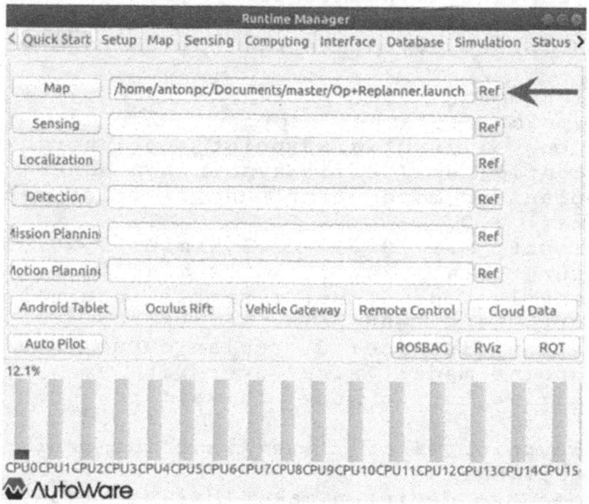

Abb. 4.9 Ausführung von *Op+Replanner.launch*

```
1  <launch>
2    <!--
3      # op_global_planner #
4      In:   /initialpose [geometry_msgs::
          PoseWithCovarianceStamped]
5      In:   /move_base_simple/goal [geometry_msgs::PoseStamped]
6      In:   /current_pose [geometry_msgs::PoseStamped]
7      In:   /current_velocity [geometry_msgs::]
8      In:   /vector_map_info/* [vector_map_msgs::*]
9      Out: /lane_waypoints_array [autoware_msgs::LaneArray]
10     Out: /global_waypoints_rviz [visualization_msgs::
          MarkerArray]
11     Out: /op_destinations_rviz [visualization_msgs::
          MarkerArray]
12     Out: /vector_map_center_lines_rviz [visualization_msgs::
          MarkerArray]
13     -->
14   <group>
15     <remap from='/lane_waypoints_array' to='/based/
          lane_waypoints_raw'/>
16     <include file='$(find op_global_planner)/launch/
          op_global_planner.launch'>
17       <arg name='pathDensity' value='0.75' />
18       <arg name='enableSmoothing' value='true' />
19       <arg name='enableLaneChange' value='false' />
20       <arg name='enableRvizInput' value='true' />
21       <arg name='enableReplan' value='true' />
22       <arg name='velocitySource' value='1' />
23       <arg name='mapSource' value='0'/>
24     </include>
25   </group>
26   <!--
27     # waypoint replanner #
28     to reduce velocity on curves
29     Out:   /based/lane_waypoints_array [autoware_msgs::
          LaneArray]
30     In:    /based/lane_waypoints_raw [autoware_msgs::LaneArray]
31     -->
32   <node pkg='rostopic' type='rostopic' name='
          config_waypoint_replanner_topic'
33          args='pub -1 /config/waypoint_replanner
          autoware_config_msgs/ConfigWaypointReplanner
34          "{ replanning_mode: true, use_decision_maker: true,
          velocity_max: 3.0,
35              velocity_min: 0.0, accel_limit: 3.00, decel_limit:
          3.00, radius_thresh: 20.0, radius_min: 0.0,
36              resample_mode: true, resample_interval: 1.0,
          velocity_offset: 4, end_point_offset: 0,
37              braking_distance: 0, replan_curve_mode: true,
          replan_endpoint_mode: false, overwrite_vmax_mode: false,
38              realtime_tuning_mode: false}"' />
39
40   <node pkg='waypoint_maker' type='waypoint_replanner' name='
          waypoint_replanner'>
41     <param name='use_decision_maker' value='true'/>
42   </node>
43  </launch>
```

Listing 4.6 Verwendeter global planner aus *Op+Replanner.launch*

4.2.3.2 Länge der Streckenabschnitte

Die Länge eines Streckenabschnitts gibt an, wie weit benachbarte Wegpunkte voneinander entfernt sind. Dabei wird die Länge eines Streckenabschnitts vor allem dann interessant, wenn die zu planende Route Kurven enthält. Hierbei gilt, je steiler eine Kurve ist, desto kürzer sollte die Länge des Streckenabschnitts sein, um die Kurve auch korrekt und sicher abfahren zu können. Abbildung 4.5 hat bereits gezeigt, dass die Einfahrt in einen Parkplatz eine 90 Grad Kurve darstellt. Aus diesem Grund wurde im Lastenheft festgehalten, dass benachbarte Wegpunkte maximal einen Meter voneinander entfernt sein dürfen. Eine Überprüfung mehrerer benachbarter Wegpunkte hat ergeben, dass die Distanz zwischen ihnen immer jeweils einen Meter beträgt.

4.2.3.3 Reservieren und Freigeben des Parkplatzes

Damit das System immer weiß, wie viele und welche Parkplätze frei sind, müssen einparkende Fahrzeuge den entsprechenden Parkplatz reservieren und ausparkende Fahrzeuge den Parkplatz gleichermaßen wieder freigeben. Für die korrekte Funktionsweise des vollumfänglichen AVP Systems sind die entsprechenden Anforderungen zwingend notwendig. Wie in Abschnitt 3.4 bereits beschrieben, wird im Zuge dieser Entwicklung jedoch Anforderung 20 und 21 vernachlässigt, da sie sich auf die Kommunikation zwischen Fahrzeug und Parkanlage beziehen.

4.2.4 Steuerung

Als Nächstes werden die Anforderungen an die Steuerung des AVP Systems betrachtet (s. Tabelle 4.4).

4.2.4.1 Maximalgeschwindigkeit

Um die Sicherheit im automatisierten Betrieb sicherstellen zu können, darf sich das Fahrzeug mit maximal fünf Kilometer pro Stunde bewegen. Wie im vorherigen Abschnitt erläutert, werden den Wegpunkten entsprechend der Umgebung und der Situation bestimmte Geschwindigkeiten zugewiesen. Dabei wird die maximal erlaubte Geschwindigkeit im globalen Planer definiert. Im vorliegenden Anwendungsfall wurde hierfür eine Maximalgeschwindigkeit von drei Kilometern pro Stunde gewählt. Der Grund hierfür ist, dass die Geschwindigkeit mithilfe eines Reglers eingestellt wird, welcher gelegentlich zu Überschwingungen neigt. Eine Beobachtung der Geschwindigkeiten des Fahrzeugs hat ergeben, dass die maximal erlaubte Geschwindigkeit von fünf Kilometern pro Stunde bei einer definierten Maximalgeschwindigkeit von drei Kilometern pro Stunde nicht überschritten wird.

Tab. 4.4 Anforderungen an die Steuerung

ID	Beschreibung
3	Wenn das Fahrzeug automatisiert betrieben wird, muss das System sicherstellen, dass die Geschwindigkeit maximal 5 km/h beträgt
6	Das System muss das Fahrzeug entlang der geplanten Trajektorie bewegen
7	Das System muss sicherstellen, dass die tatsächliche Trajektorie maximal 10 cm von der geplanten Trajektorie abweicht
8	Wenn Unsicherheiten über die Route oder das Umfeld des Fahrzeugs bestehen, kann das System das Fahrzeug anhalten
27	Wenn der verfügbare Parkplatz nicht mindestens 1,12 m breiter als das eigene Fahrzeug ist, muss das System den Parkvorgang abbrechen
30	Wenn auf dem verfügbaren Parkplatz mindestens ein Objekt identifiziert wurde, muss das System den Parkvorgang abbrechen

4.2.4.2 Korrektes Steuern des Fahrzeugs

Um Unfälle durch Kollisionen mit parkenden Fahrzeugen zu vermeiden, soll die Trajektorie entsprechend korrekt abgefahren werden können. Zusätzlich muss das System in der Lage sein, das Fahrzeug anzuhalten, wenn es bezüglich der Umgebung jegliche Unsicherheiten gibt. Diese Anforderungen wurden durch *Autoware.AI* bereits berücksichtigt und implementiert. Zu diesem Zweck werden insgesamt sieben Nodes benötigt.

Der *costmap_generator* generiert anhand der gefilterten Lidardaten und der semantischen Karte eine sogenannte Costmap für künftige Trajektorienplanungen. Für einen bestimmten Bereich rund um das Fahrzeug wird dadurch ersichtlich, wo sich das Fahrzeug problemlos bewegen kann. Dabei ist eine gegebene Fläche befahrbar, wenn sie Teil der semantischen Karte sowie frei von Objekten ist. Diese Bereiche werden als weiße Flächen dargestellt, während die restliche Umgebung schwarz bleibt (s. Abbildung 4.10).

Der *costmap_generator* befindet sich im Abschnitt *Computing* unter *Semantics* im Runtime Manager (s. Abbildung A.10 im elektrischen Zusatzmaterial).

Als Nächstes müssen notwendige Nodes unter *waypoint_planner* im Abschnitt *Computing* aktiviert werden. *astar_avoid* wird benötigt, um Hindernissen ausweichen zu können. Hierbei ist wichtig, dass der Haken in den Parametereinstellungen gesetzt ist, damit das Fahrzeug andere Objekte auf der Fahrbahn tatsächlich umfährt (s.Abbildung A.10 im elektrischen Zusatzmaterial). In diesem Zusammenhang muss für den Wegpunkteplaner auch *velocity_set* aktiviert werden. Darin werden alle wichtigen Eigenschaften und Bedingungen im Bezug auf den Planer definiert. Zum Beispiel wird hier festgelegt, wie groß die „sichere Zone" um das

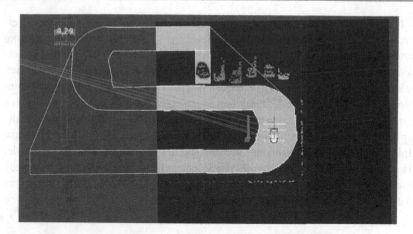

Abb. 4.10 Beispielhafte Darstellung der Costmap

Fahrzeug sein soll. Dadurch kann bestimmt werden, wie breit ein fahrbarer Bereich mindestens sein muss, damit das System das Fahrzeug nicht komplett anhält. Dieser Bereich wird durch durch Kreise entsprechend dargestellt (s. Abbildung 4.11).

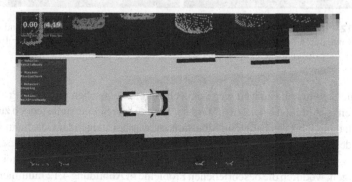

Abb. 4.11 Darstellung der „sicheren Zone" als halb transparente Kreise auf der Trajektorie

Im Node lässt sich der Radius dieses Kreises anhand des Parameters *Detection Range* bestimmen. In diesem Fall wurde eine Länge von 1.5 Metern gewählt (s.Abbildung A.10 im elektrischen Zusatzmaterial).

Nach dem Wegpunkteplaner muss auch der Wegpunkteverfolger aktiviert werden. Hierzu werden zwei Nodes unter *waypoint_follower* im Abschnitt *Computing* verwendet (s. Abbildung A.10 im elektrischen Zusatzmaterial). *pure_pursuit* ist notwendig, um dem aktuellen Ziel zu folgen. Dabei werden Lenkeingriffe berechnet, welche benötigt werden, um den geplanten Wegpunkten zu folgen. In diesem Zusammenhang lässt sich im Node durch den Parameter *minimum_lookahead_distance* bestimmen, wo die entstehende Route durch die berechneten Lenkeingriffe die geplante Trajektorie schneiden soll. In *Rviz* werden die Lenkeingriffe als gebogene Linie, welche durch das Fahrzeug verläuft und der Schnittpunkt als Punkt auf der Trajektorie dargestellt. Bei der Wahl der Schnittstelle ist die Distanz zum Fahrzeug besonders zu beachten. Abbildung 4.12 zeigt die Problematik bei der Wahl einer zu großen oder zu kleinen Distanz zur Schnittstelle.

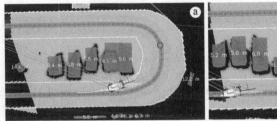

Abb. 4.12 Problematik bei falscher Schnittstelle zwischen geplanter Trajektorie und entstehender Route durch berechnetem Lenkeingriff. (a) *minimum_lookahead_distance* = 10*m*, (b) *minimum_lookahead_distance* = 1*m*

Ist die Schnittstelle zu weit weg vom Fahrzeug, so entstehen vor allem Probleme in Kurven (s. Abbildung 4.12 (a)). Wird der Wert für die Schnittstelle jedoch zu klein gewählt, dann fährt das Fahrzeug Sinuskurven, was bei steigender Geschwindigkeit steigende Abweichungen von der Trajektorie nach sich zieht. Im Zuge dieser Entwicklung wurde deshalb beschlossen, den entsprechenden Parameter auf drei Meter festzulegen, wodurch die beschriebenen Probleme in Abbildung 4.12 minimiert werden können (s. Abbildung 4.13).

Der zweite notwendige Node für den Wegpunkteverfolger ist *twist_filter*. Normalerweise wird dieser Node verwendet, um die Kommandobefehle für die Führung des Fahrzeugs zu limitieren. Abhängig vom aktuellen Lenkwinkel wird die seitliche Beschleunigung sowie der seitliche Ruck berechnet und im Anschluss mit den festgelegten Maximalwerten des Nodes verglichen. Dadurch kann das

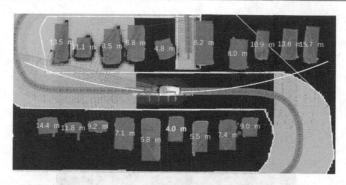

Abb. 4.13 Optimale Schnittstelle zwischen geplanter Trajektorie und entstehender Route durch berechnetem Lenkeingriff bei *minimum_lookahead_distance* = 3*m*

System das Fahrzeug im Falle einer möglichen Gefahr anhalten und eine entsprechende Meldung ausgeben. Wichtig in der Parameterwahl ist der gesetzte Haken bei *use_decision_maker*. Dadurch wird die Aufgabe der Limitierung der entsprechenden Befehle durch den letzten notwendigen Node *decision_maker* unter *Decision* im Abschnitt *Computing* übernommen. Der Vorteil dieses Nodes ist die Verwendung verbesserter Algorithmen und eines Zustandsdiagramms zur Entscheidungsfindung (s.Abbildung A.10 im elektrischen Zusatzmaterial).

Schließlich muss unter *autoware_connector* im Abschnitt *Computing* der finale Node *vel_pose_connect* aktiviert werden, wodurch die Kontrollinformationen über die Schnittstelle an das Fahrzeug gesendet werden (s. Abbildung A.10 im elektrischen Zusatzmaterial).

Für Anforderung sechs und sieben wurde die Abweichung zwischen geplanter und tatsächlicher Trajektorie untersucht. Die gemessene Maximalabweichung beträgt 92 Zentimeter. Dabei sind jedoch zwei wichtige Punkte zu berücksichtigen. Zum einen befindet sich der Referenzpunkt, welcher für die Messung verwendet wird, mittig auf der Achse zwischen den Hinterrädern (s. Abbildung 4.14).

Wie bereits beschrieben bewegt sich das Fahrzeug durch die berechneten Lenkeingriffe aus *pure_pursuit* immer auf einer wellenförmigen Linie. Dadurch verstärkt sich die maximale Abweichung an der Front und am Heck des Fahrzeugs. Dies stellt also eine kleine Verfälschung der Abweichung von der tatsächlichen Trajektorie dar. In diesem Zusammenhang wurden deshalb mehrere Parkvorgänge zu verschiedenen Parkplätzen beobachtet und visuell geprüft, ob das Fahrzeug der geplanten Trajektorie folgt. Dies konnte ausnahmslos bestätigt werden. Somit ist

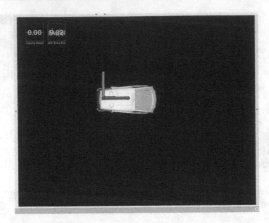

Abb. 4.14 Referenzpunkt des Fahrzeugs zur Bestimmung der Trajektorienabweichung

Anforderung sechs erfüllt, wohingegen keine Aussage über die Erfüllung von Anforderung sieben gemacht werden kann.

4.2.4.3 Abbruch des Parkvorgangs

In Abschnitt 4.2.1.2 wurde bereits beschrieben, wie der Parkvorgang abgebrochen wird. Dabei gibt es zwei Bedingungen zu beachten. Die erste bezieht sich auf die Breite des verfügbaren Parkplatzes. Dabei wurde festgelegt, dass die vorhandene Parkfläche mindestens 2.5 Meter breit sein muss. Dies wird in Anforderung 27 gesondert festgehalten. Das Fahrzeug hat eine maximale Breite von 1.38 Metern. Die nötige Breite ergibt sich schließlich aus $2.5m - 1.38m = 1.12m$.

Weiterhin wurde in Anforderung explizit 30 explizit definiert, dass der Parkvorgang abgebrochen werden muss, wenn sich mindestens ein Objekt auf dem Parkplatz befindet. Dies wurde ebenso in der Entwicklung der Parkplatzüberprüfung berücksichtigt.

4.2.5   Fahrzeug

Ursprünglich wurden Anforderung 11 bis 13 definiert, um den Zustand und die Richtung des Fahrzeugs nach außen kommunizieren zu können (s. Tabelle 4.5). Die Blinklichtanlage kann mit der aktuellen Version von *Autoware.AI* nicht angesteuert werden. Nichtsdestotrotz kann die Richtung des Fahrzeugs durch die Verwendung der aktuellen Lokalisierungsinformationen und der geplanten Wegpunkte berechnet werden. Für den Betriebszustand können die Zustände des Nodes *decision_maker* herangezogen werden. Somit existieren bereits Schnittstellen, welche diese drei Anforderungen zumindest sinngemäßen erfüllen.

Tab. 4.5 Anforderungen an das Fahrzeug

ID	Beschreibung
11	Wenn das Fahrzeug nach links einfahren soll, soll das System dieses Vorhaben mit der Blinklichtanlage darstellen
12	Wenn das Fahrzeug nach rechts einfahren soll, soll das System dieses Vorhaben mit der Blinklichtanlage darstellen
13	Das System kann signalisieren, dass es sich im automatisierten Betrieb befindet

4.2.6 AVP

Abschließend folgt eine Betrachtung der Anforderungen an die Gesamtfunktion AVP (s. Tabelle 4.6).

Tab. 4.6 Anforderungen an das Gesamtsystem AVP

ID	Beschreibung
1	Die Entwicklung des Systems muss restriktive Parkanlagen ohne Mischverkehr und Passanten berücksichtigen
2	Wenn alle Aktivierungsbedingungen erfüllt sind, muss sich das System starten lassen
9	Das System soll den Motor aktivieren können
10	Das System soll den Motor deaktivieren können
22	Das System muss unter Verwendung der open source software Autoware.AI entwickelt werden
23	Jedes Modul muss Inputs vor ihrer Verwendung auf Gültigkeit kontrollieren
24	Wenn ein Input als ungültig identifiziert wurde, muss das entsprechende Modul eine Fehlermeldung ausgeben
25	Der geschriebene Python Code muss den Coding Guidelines (PEP 8) aus dem Python Developer's Guide entsprechen
28	Wenn der Parkvorgang aufgrund eines zu engen Parkplatzes unterbrochen wurde, muss das System den Parkvorgang zum nächsten freien Parkplatz starten
31	Wenn der Parkvorgang aufgrund von Objekten auf dem Parkplatz unterbrochen wurde, muss das System den Parkvorgang zum nächsten freien Parkplatz starten

4.2.6.1 Entwicklungsvorgaben

Im Rahmen der Umsetzung des AVP Systems haben einige Anforderungen klare Vorgaben an die Entwicklung. Zunächst ist das Wichtigste, deutlich hervorzuheben, dass sich das finale AVP System nicht für den Mischverkehr eignet. Das erarbeitete System funktioniert entsprechend der Spezifikation, solange sich keine Passanten oder manuell betriebenen Fahrzeuge innerhalb der Parkanlage aufhalten. Weiterhin wird im Lastenheft festgehalten, dass das zu verwendende AF-Stack *Autoware.AI* ist. Die im Zuge dieser Arbeit verwendete Version des Stacks ist 1.14.0. Anforderung 25 bezieht sich auf die Form des entwickelten Skripts *avp_scanner.py*. Dieses Skript wurde entsprechend der Empfehlungen aus der *PEP 8* implementiert. Schließlich gibt es erneut Anforderungen, welche nicht weiter betrachtet werden, weil sie nicht im Fokus dieser Arbeit liegen. Diese sind Anforderung 2, 9 und 10, da sie nicht die Kernaufgabe des AVP Systems betreffen, so wie es in Abschnitt 3.4 beschrieben wurde (Tabelle 4.6).

4.2.6.2 Fehlerhafte Inputs

Die Behandlung fehlerhafter Inputs wurde von *Autoware.AI* bereits entsprechend der Anforderungen implementiert. Bei Konflikten mit Ein- und Ausgangswerten werden entsprechende Fehlermeldungen ausgegeben.

4.2.6.3 Neustart des Parkvorgangs

Anforderung 28 und 31 gehen explizit darauf ein, was getan werden soll, wenn der gewünschte Parkplatz als belegt identifiziert wurde. Im finalen System erhält das Fahrzeug durch die Parkanlage eine neue semantische Karte und die neue Route zum nächsten freien Parkplatz. Diese Schnittstelle wurde hierbei in der Entwicklung des Skripts zur Überprüfung des Parkplatzes berücksichtigt. Wie in Abschnitt 4.2.1.2 beschrieben, wird die Route zum nächsten Parkplatz geplant und gefahren, sobald ein neues Routenziel ausgewählt wurde.

Darstellung der Simulationsergebnisse   5

Die abschließende Darstellung der Simulationsergebnisse zeigt die Funktionsweise des finalen AVP Systems. Zu diesem Zweck wurden verschiedene Szenarien überprüft. Als Zielparkplatz wurden mittlere und äußere Parkplätze, sowie der erste und letzte Parkplatz verwendet. Straßen wurden blockiert, Fahrzeuge schief eingeparkt und als frei gesehene Parkplätze waren belegt. Im Folgenden werden die Simulationsergebnisse eines spezifischen Szenarios präsentiert. Hierzu wird zunächst das betrachtete Szenario beschrieben, bevor die Ergebnisse der Simulation dargelegt werden. Die Ergebnisdarstellung beinhaltet hierbei die Beschreibung des Einpark- und Abholvorgangs, sowie aufgetretene Herausforderungen während der Simulation. Schließlich werden offene Fragen beleuchtet, wodurch potenzielle Weiterentwicklungsmaßnahmen erarbeitet werden.

5.1   Ergebnisse eines gegebenen Szenarios

Nun werden die Ergebnisse der Simulation am Beispiel eines definierten Szenarios präsentiert. Hierzu wird das betrachtete Szenario zunächst dargestellt. Im Anschluss werden die Ergebnisse des Einpark- und Abholvorgangs gesondert betrachtet. In diesem Zusammenhang wird die grundlegende Funktionalität des umgesetzten AVP Systems verdeutlicht.

Ö. Dönmez, *Entwicklung eines Automated Valet Parking Systems im Rahmen des Forschungsprojekts ANTON*, BestMasters,
https://doi.org/10.1007/978-3-658-43117-4_5

5.1.1 Betrachtetes Szenario

Bevor die Ergebnisse dargelegt werden können, muss die Ausgangssituation
zunächst klar definiert werden. Abbildung 5.1 zeigt das zu betrachtende Szenario.

Abb. 5.1 Szenario für die Demonstration des AVP Systems in der Simulation

Um eine einheitliche und eindeutige Bezeichnung der Parkplätze zu erhalten,
werden sie von nun an nummeriert. Dabei steigt die Nummer der Parkplätze von
links nach rechts an. Der 1. Parkplatz ist mit dem links gelegenen Pfeil der Abbildung
gekennzeichnet und der 55. Parkplatz mit rechts gelegenen Pfeil (s. Abbildung 5.1).
Im dargelegten Szenario sind 46 Parkplätze belegt und 9 frei. Folgende Parkplätze
werden als frei angesehen: 17, 25, 36, 38, 39, 43, 47, 53 und 55. Um Zugänglichkeit
zu Parkplatz 17 etwas zu beeinträchtigen, sind die Fahrzeuge auf Parkplatz 16 und
18 ungünstig eingeparkt worden. Dadurch ist Parkplatz 17 für das Fahrzeug nicht
mehr breit genug, um einparken zu können.

5.1.2 Einparkvorgang

Der Einparkvorgang beginnt mit dem Fahrzeug auf der Drop-Off Zone (s. Abbildung
5.2).

Dabei zeigt Abbildung 5.2 (a) das Fahrzeug in der Simulationsumgebung und
Abbildung 5.2 (b) die Umgebungserfassung durch das System. Die erhaltene semantische Karte zeigt die optimale und einzige Route zu Parkplatz 17. Dieser ist nämlich
der nächste, dem System bekannte, freie Parkplatz. Die geplante Route führt zum
Mittelpunkt des Parkplatzes mit der Nummer 17 (s. Linie in Abbildung 5.2 (b)). Auf

Abb. 5.2 Start des Einparkvorgangs

Abbildung 5.2 (b) ist zusätzlich erkennbar, dass die geplante Route soeben von der Zustandsmaschine geprüft wird, bevor die Routenführung gestartet werden kann (s. Rechteck in Abbildung 5.2 (b)). Das System steuert das Fahrzeug im Folgenden auf der geplanten Trajektorie und stellt bei der überprüfung des Parkplatzes mit der Nummer 17 fest, dass dieser nicht breit genug ist, da benachbarte Fahrzeuge die notwendige Parkfläche blockieren. Deshalb erhält das System eine neue semantische Karte, welche eine optimale Trajektorie zum nächsten freien Parkplatz (Parkplatz 25) berechnen lässt. Hiernach wird diese Route abgefahren und beim Vorbeifahren wird der entsprechende Parkplatz zunächst ebenfalls überprüft (s. Abbildung 5.3).

Abb. 5.3 Scannen von Parkplatz 25

Auf Abbildung 5.3 (b) kann man die erweiterte semantische Karte und die neue Route deutlich erkennen. Das System erkennt bei der überprüfung des Parkplatzes 25, dass er die notwendige Parkfläche aufweisen kann und führt den Einparkvorgang deshalb weiterhin fort. Schließlich wird das Fahrzeug auf der anderen Seite vorwärts eingeparkt (s. Abbildung 5.4).

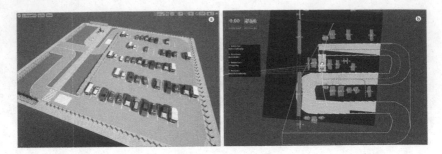

Abb. 5.4 Ende des Einparkvorgangs

5.1.3 Abholvorgang

Die Ausgangssituation beim Abholvorgang wird in Abbildung 5.5 dargestellt.

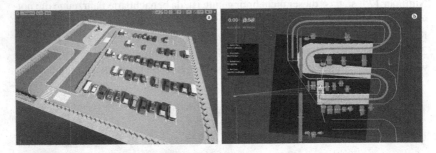

Abb. 5.5 Beginn des Abholvorgang

Das Fahrzeug steht auf einem Parkplatz und das System erhält die semantische Karte, um von diesem Parkplatz aus zur Pick-Up Zone fahren zu können. Die Route wird geplant, überprüft und letztendlich wird die Routenführung gestartet. Daraufhin verlässt das Fahrzeug den Parkplatz und fährt die geplante Route entsprechend ab. Schließlich kommt das Fahrzeug auf der Pick-Up Zone zum Stehen. Dort schaltet sich das System aus und der Fahrer kann einsteigen und die Parkanlage verlassen (s. Abbildung 5.6).

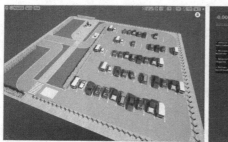

Abb. 5.6 Ende des Abholvorgang

5.2 Herausforderungen

Im Großen und Ganzen wurde das geplante AVP Systems erfolgreich umgesetzt. Im Zuge der Entwicklungsarbeiten und während der Erprobung in der Simulation sind jedoch drei Herausforderungen aufgetreten. Konkret betrifft das die Lokalisierung des Fahrzeugs, die Erstellung der Costmap und die Fähigkeit des Systems, das Fahrzeug im Rückwärtsgang zu betreiben. Im Folgenden werden diese drei Herausforderungen näher beschrieben. Dabei werden neben der jeweiligen Auswirkung zusätzlich mögliche Ursachen und Maßnahmen zur Lösung dargelegt.

5.2.1 Lokalisierung

Im Zuge der Lokalisierung des Fahrzeugs kommt es in vereinzelten Fällen vor, dass die Position des Fahrzeugs nicht genau bestimmt werden kann. Dies hat zur Folge, dass die Sicherheit der Fahrzeugsteuerung nicht mehr gewährleistet werden kann. In den meisten Fällen führt das zu einer Kollision mit Objekten in der Nähe, da das Fahrzeug nicht rechtzeitig angehalten wird. In Abbildung 5.7 zeigt ein Rechteck, in welchen Bereichen der Punktwolkenkarte die Position des Fahrzeugs nicht immer korrekt bestimmt werden kann.

Das Problem im Bereich des Rechtecks ist, dass die Punktwolkenkarte nicht viele charakteristischen Punkte besitzt, welche sich von den anderen Positionen unterscheiden lassen. Somit ist keine eindeutige Positionsbestimmung möglich, weshalb die Lokalisierung gelegentlich fehlschlägt. Zur Vollständigkeit muss betont werden, dass diese Ungenauigkeiten in der Lokalisierung mit sehr großer Wahrscheinlichkeit nicht mehr auftreten, wenn die Parkanlage in einer realen Umgebung integriert

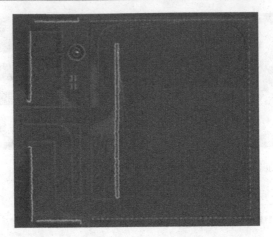

Abb. 5.7 Bereich der Punktwolkenkarte mit Lokalisierungsschwierigkeiten

ist. Denn dadurch erhält die Punktwolkenkarte weitere Punkte, welche zur Lokalisierung eingesetzt werden können. Betrachtet man die Parkanlage separat, könnten zur Konfidenzsteigerung der Lokalisierung zusätzlich Verkehrsschilder verwendet werden. Nutzt man zusätzlich Bilder von Kamerasensoren, können die Schilder Auskunft darüber geben, in welcher Parkreihe sich das Fahrzeug aktuell befindet, was die Lokalisierung zusätzlich unterstützen kann.

5.2.2   Costmap

Aus bisher unbekannten Gründen wird die Costmap manchmal nicht korrekt dargestellt (s. Abbildung 5.8).

Nach der Analyse möglicher Ursachen konnten einige ausgeschlossen werden. Zunächst ist es nicht abhängig vom verwendeten Format der semantischen Karte. Denn diese Auffälligkeit tritt ebenso bei der Nutzung von lanelet2 Karten auf. Zusätzlich hat es nichts mit dem *Autoware.AI* Node *costmap_generator* zu tun, da es bei vorgefertigten Städten von CARLA, bei derselben Konfiguration des Nodes, keine Probleme gibt. Demnach liegt es höchstwahrscheinlich an Schwierigkeiten beim Exportieren der Karte aus *ASSURE mapping tools*. Die Auswirkungen dieser Fehldarstellung sind abruptes Abbremsen oder Verringern der Geschwindigkeit, wenn die Costmap mitten in der Spur aufhört. Wenig später fährt das Fahrzeug aber wieder weiter, weshalb die fehlerhafte Costmap kein großes Risiko darstellt. Da die

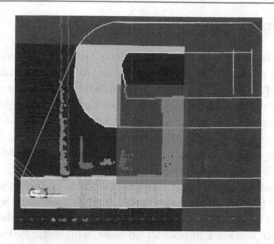

Abb. 5.8 Beispiel der fehlerhaften Darstellung der Costmap

Ursache bisher nicht vollständig identifiziert werden konnte und keine funktionstüchtige Alternative zur Erstellung der semantischen Karte bekannt ist, konnte zum jetzigen Zeitpunkt keine Lösung erarbeitet werden.

5.2.3 Rückwärtsfahren

Die größte Herausforderung in der Entwicklung dieses AVP Systems stellt das Rückwärtsfahren dar. Dabei ist die Ursache dieses Hindernisses klar. Das verwendete AF-Stack ist nicht in der Lage, entsprechende Wegpunkte zu generieren. Denn diese müssen sowohl entgegen der normalen Fahrtrichtung verlaufen, als auch negative Geschwindigkeiten berücksichtigen. Die Auswirkung hiervon ist die komplette Umstrukturierung der gesamten Parkanlage auf Kosten der effizienten Parkraumnutzung. Dies ergibt sich daraus, dass das Fahrzeug für kollisionsfreie Ein- und Ausparkvorgänge deutlich mehr Platz benötigt, als normalerweise. Hierfür gibt es zwei mögliche Lösungswege. Auf der einen Seite kann ein anderes AF-Stack verwendet werden. Dies erfordert jedoch eine vollumfängliche Analyse des neuen Stacks. Hierbei muss vor allem untersucht werden, durch welche Funktionen die Anforderungen aus dem Lastenheft erfüllt werden können. Andererseits kann der aktuell verwendete AF-Stack erweitert werden. Dies setzt detaillierte Kenntnisse in der Informationsverarbeitung und -weitergabe innerhalb des Stacks voraus und benötigt deshalb auch eine erweiterte Analyse, welche im Rahmen dieser Masterarbeit nicht möglich war.

5.3   Offene Fragen

Zur Vollständigkeit werden zum Abschluss dieser Arbeit Fragen dargestellt, welche sich während der Absicherung und Erprobung des AVP Systems in der Simulation ergeben haben. Parallel zur Darstellung werden theoretische Ideen zur potenziellen Lösung erarbeitet. Dabei geht es um die folgenden zwei zentralen Fragestellungen.

Es wird folgendes Szenario angenommen: Ein Fahrzeug befindet sich auf der Drop-Off Zone und ist bereit, das AVP System zu starten. Der nächste freie Parkplatz ist der Parkplatz mit der Nummer 45. Zu diesem Zeitpunkt ist das der einzig freie Parkplatz. Nun fährt das Fahrzeug zum Parkplatz, um ihn auf Objekte zu überprüfen. Dort erkennt das System, dass die vorhandene Parkfläche nicht ausreicht und wartet deshalb, bis das Fahrzeug einen neuen Parkplatz erhält. Gemäß der Spezifikationen bleibt das Fahrzeug deshalb vor dem Parkplatz stehen und blockiert die Straße. Denn selbst, wenn sich nun ein Parkplatz leeren sollte, wird dieser Parkplatz erst dann freigegeben, wenn sich das entsprechende Auto auf der Pick-Up Zone befindet (s. Anforderung 21). Dieses Auto wird die Pick-Up Zone aber nie erreichen können, da das andere Fahrzeug die Straße blockiert. Wie kann das System also angepasst werden, um solche Totalausfälle zu vermeiden? Abbildung 5.9 zeigt eine mögliche Lösung dieser Fragestellung.

Durch die Erweiterung der Straße um einen geschlossenen Kreis zur Drop-Off Zone können automatisiert betriebene Fahrzeuge wieder auf die Drop-Off Zone

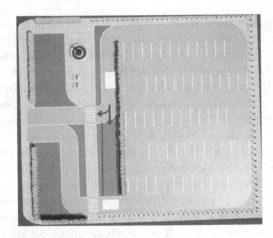

Abb. 5.9 Mögliche Erweiterung der Parkanlage zur Vermeidung von Staus bei vollem Parkplatz

gesteuert werden, um den gesamten Prozess erneut durchlaufen zu können. In dem oben beschriebenen Szenario würde das Fahrzeug nun auf der Drop-Off Zone warten, bis ein anderes Fahrzeug die Parkanlage verlässt und somit den besetzten Parkplatz freigibt. Parkplatz 45 wird nicht erneut angefahren, da er als besetzt gemeldet wurde, weil er für das Fahrzeug nicht breit genug ist. Somit kann durch eine weitere Route zur Drop-Off Zone einen Totalausfall verhindern.

Die abschließende Frage bezieht sich auf die Umsetzbarkeit dieses Systems in der realen Welt. Die größte Herausforderung hierbei ist die Notwendigkeit von Parkplätzen, welche auf beiden Seiten frei sind, da das Rückwärtsfahren im aktuellen Zustand des Systems nicht möglich ist. Konkret bedeutet das, dass das System im jetzigen Zustand zwar theoretisch in einem Realversuch funktionieren würde, sich praktisch aber nicht lohnen würde, da die gesamte Parkanlagen umgestaltet werden müssten, was wiederum mit Kosten verbunden wäre. Demnach ist das Rückwärtsfahren unabdingbar, wenn es um rentable AVP Systeme geht.

Zusammenfassung und Ausblick 6

Im Rahmen dieser Masterarbeit wurde ein funktionierendes AVP System erarbeitet und entwickelt. In diesem Zusammenhang wurden Anforderungen an das System ermittelt und das System funktional sowie technisch entworfen. Eine Gefahrenanalyse hat dazu beigetragen, Risiken zu identifizieren und entsprechend zu senken. Dieses entworfene System wurde in der Simulationsumgebung *CARLA* umgesetzt und abgesichert. Als Fahrzeug wurde ein modifizierter *Renault Twizy* verwendet. Der eingesetzte AF-Stack war *Autoware.AI*. Anhand eines simulierten Szenarios wurde das umgesetzte AVP System abschließend demonstriert. Es konnte gezeigt werden, dass eine Erweiterung der Parkanlage um eine flächendeckende Kommunikationseinheit bereits ausreicht, um ein entsprechend sicheres und funktionierendes AVP System zu entwickeln.

Diese Arbeit hat die Grundlage für ein AVP System mit minimaler Erweiterung der Parkanlage gelegt. Zukünftige Arbeiten können sich mit den dargestellten Herausforderungen beschäftigen. Dies betrifft zum einen die Steigerung der Konfidenz der Positionsbestimmung durch den Einsatz zusätzlicher statischer Objekte, um die Punktwolkenkarte charakteristischer zu gestalten. Weiterhin kann untersucht werden, weshalb die Costmap sporadische Ausfälle aufweist, um die Fahrzeugführung zu verbessern. Weiterführende Entwicklungen sollen sich zunächst jedoch auf die Erweiterung des AF-Stacks konzentrieren, um das Rückwärtsfahren zu ermöglichen. Dies würde es erlauben, das AVP System im realen Fahrzeug zu erproben, um die Qualität des umgesetzten AVP Systems unter realitätsnahen Umgebungsbedingungen bewerten zu können.

© Der/die Autor(en), exklusiv lizenziert an Springer Fachmedien Wiesbaden GmbH, ein Teil von Springer Nature 2023
Ö. Dönmez, *Entwicklung eines Automated Valet Parking Systems im Rahmen des Forschungsprojekts ANTON*, BestMasters,
https://doi.org/10.1007/978-3-658-43117-4_6

AVP Systeme sind die ersten kommerziellen und serientauglichen Level 4 Assistenzsysteme. Langfristig gesehen ist das entworfene AVP System deshalb eine weitere Darstellung einer möglichen Umsetzung eines automatisierten Parkassistenten und eine Demonstration, wie der Fahrer zusätzlich entlastet werden kann. Die vorliegende Arbeit findet dabei einen passenden Kompromiss zwischen allen relevanten Stakeholdern, um ein sicheres, rentables und realistisches System vorzustellen.

Literaturverzeichnis

[1] Deutsche Verschwenden 41 Stunden Im Jahr Bei Der Parkplatzsuche. https://inrix.com/press-releases/parking-pain-de/. Abrufdatum: 30.05.2022

[2] Der Fahrzeugbestand am 1. Januar 2017 – korrigierte Fassung. https://www.kba.de/DE/Presse/Pressemitteilungen/Fahrzeugbestand/2017/pm6_fz_bestand_pm_komplett_korr.html. Abrufdatum: 30.05.2022

[3] Der Fahrzeugbestand am 1. Januar 2022. https://www.kba.de/DE/Presse/Pressemitteilungen/Fahrzeugbestand/2022/pm10_fz_bestand_pm_komplett.html. Abrufdatum: 30.05.2022

[4] SAE International. J3016_202104. *Taxonomy and Definitions for Terms Related to Driving Automation Systems for On-Road Motor Vehicles*. SAE International/ISO, 2021

[5] D. P. F. Möller, R. E. Haas. *Guide to Automotive Connectivity and Cybersecurity*. Trends, Technologies, Innovations and Applications. Springer, 1. Aufl., 2019, https://doi.org/10.1007/978-3-319-73512-2

[6] M. Chirca, G. Martin, R. Chapuis, C. Debain, R. Lenain. *Autonomous Valet Parking System Architecture* in *2015 IEEE 18th International Conference on Intelligent Transportation Systems*. S. 2619–2624, 2015, https://doi.org/10.1109/ITSC.2015.421

[7] M. Eiza, Y. Cao, L. Xu. *Towards Sustainable and Economic Smart Mobility*. Shaping the Future of Smart Cities, World Scientific Publishing Europe Ltd., 2020, ISBN: 9781786347862

[8] H. Herchet, E. Schäfer, A. Süssemilch. *Stress-free parking – thanks to a personal parking assistant* in *Fahrerassistenzsysteme 2016*. Proceedings, Springer Vieweg, 2018, https://doi.org/10.1007/978-3-658-21444-9_7

[9] J. Yonghwan, K. Seonwook, Y. Kyongsu., L. Sangyong, J. ByeongRim. *Design and Implementation of Parking Control Algorithm for Autonomous Valet Parking*. SAE Technical Paper 2016-01-0146, 2016, https://doi.org/10.4271/2016-01-0146

[10] Q. Tong, C. Tongqing, C. Yilun, S. Qing. *AVP-SLAM: Semantic Visual Mapping and Localization for Autonomous Vehicles in the Parking Lot* in *2020 IEEE/RSJ International Conference on Intelligent Robots and Systems (IROS)*. 2020

[11] Vollautomatisiertes und fahrerloses Parken kommt an den Flughafen Stuttgart. https://www.bosch-presse.de/pressportal/de/de/apcoa-bosch-und-mercedes-benz-arbeiten-am-weltweit-ersten-serieneinsatz-von-automated-valet-parking-am-flughafen-stuttgart-219648.html. Abrufdatum: 01.01.2021

Ö. Dönmez, *Entwicklung eines Automated Valet Parking Systems im Rahmen des Forschungsprojekts ANTON*, BestMasters, https://doi.org/10.1007/978-3-658-43117-4_1

[12] Weltpremiere: Bosch und Daimler erhalten Zulassung für fahrerloses Parken ohne menschliche Überwachung. https://www.bosch-presse.de/pressportal/de/de/weltpremiere-bosch-und-daimler-erhalten-zulassung-fuer-fahrerloses-parken-ohne-menschliche-ueberwachung-194624.html. Abrufdatum: 01.11.2021

[13] AUTONOMOUS VALET PARKING. https://avp-project.uk/category/uncategorized. Abrufdatum: 10.11.2021

[14] T. Zhang, X. Gao. *Introduction to Visual SLAM. From Theory to Practice.* Springer, 1. Aufl., 2021, https://doi.org/10.1007/978-981-16-4939-4

[15] H. El Houari, A. F. El Ouafdi. *A New Corner Detection Operator for Multi-Spectral Images* in *(IJACSA) International Journal of Advanced Computer Science and Applications.* Vol. 12, No. 4, 2021, https://doi.org/10.14569/issn.2156-5570

[16] Dr. L. Eriksson. *Stakeholder and User Research Report.* Interner Bericht, Connected Places Catapult, 2019

[17] Parkopedia autonomous driving project completion video. https://www.youtube.com/watch?v=nEwvOQW7RD4&=174s. Abrufdatum: 11.11.2021

[18] S. Kato, S. Tokunaga, Y. Maruyama, S. Maeda, M. Hirabayashi. *Autoware on Board: Enabling Autonomous Vehicles with Embedded Systems* in *9th ACM/IEEE International Conference on Cyber-Physical Systems.* S. 287–296, 2018

[19] A. Dosovitskiy, G. Ros, F. Codevilla, A. Löpez, V. Koltun. *CARLA: An Open Urban Driving Simulator* in *1st Annual Conference on Robot Learning.* S. 1–16, PMLR, 2017

[20] Project Aslan. https://github.com/project-aslan/Aslan. Abrufdatum: 22.10.2021

[21] N. Koenig, A. Howard.*Design and Use Paradigms for Gazebo, An Open-Source Multi-Robot Simulator* in *2004 IEEE/RSJ International Conference on Intelligent Robots and Systems.* S. 2149–2154, https://doi.org/10.1109/IROS.2004.1389727

[22] *CarMaker Produktblatt.* Interner Bericht, IPG Automotive GmbH, 2021

[23] Autoware.Auto. https://autowarefoundation.gitlab.io/autoware.auto/AutowareAuto/. Abrufdatum: 23.10.2021

[24] G. Rong, B. H. Shin, H. Tabatabaee, Q. Lu, S. Lemke, et al. *LGSVL Simulator: A High Fidelity Simulator for Autonomous Driving.* Journal, 2020

[25] Overview. https://github.com/Autoware-AI/autoware.ai/wiki/Overview. Abrufdatum: 19.03.2022

[26] International Organisation for Standardisation. ISO/IEC/IEEE 29148:2018. *Systems and software engineering – Life cycle processes – Requirements engineering.* 2018

[27] M. Hassanaly. *Requirements Capture.* Interner Bericht, Connected Places Catapult, 2019

[28] International Organisation for Standardisation. ISO 20900:2019. *Intelligent transport systems – Partially automated parking systems (PAPS) – Performance requirements and test procedures.* 2019

[29] International Organisation for Standardisation. ISO/IEC 25010:2011. *Systems and software engineering – Systems and software Quality Requirements and Evaluation (SQuaRE) – System and software quality models.* 2011

[30] A. Knapp, M. Neumann, M. Brockmann, R. Walz, T. Winkle. *ADAS Code of Practice.* Code of Practice for the Design and Evaluation of ADAS. ACEA, V. 5.0, 2009

[31] International Organisation for Standardisation. ISO 26262-1:2018. *Road vehicles – Functional safety – Part 1: Vocabulary*

[32] International Organisation for Standardisation. ISO/PAS 21448:2019. *Road vehicles – Safety of the intended functionality.* 2019

[33] International Organisation for Standardisation. ISO 26262-3:2018. *Road vehicles – Functional safety – Part 3: Concept phase*. 2018

[34] Deutsches Institut für Normung. DIN EN 60812:2006. *Analysetechniken für die Funktionsfähigkeit von Systemen – Verfahren für die Fehlzustandsart- und -auswirkungsanalyse (FMEA)*. 2006

[35] M. Hassanaly. *Failure Mode and Effect Analysis for Testing in a Controlled Car Park*. Interner Bericht, Connected Places Catapult, 2019

[36] [Feature] Enable backward driving #1940. https://github.com/Autoware-AI/autoware.ai/issues/1940. Abrufdatum: 24.04.2022

[37] Enable backward driving. https://gitlab.com/autowarefoundation/autoware.ai/core_planning/-/issues/8. Abrufdatum: 24.04.2022

[38] P. Biber. *The Normal Distributions Transform: A New Approach to Laser Scan Matching* in *2003 IEEE/RSJ International Conference on Intelligent Robots and Systems (IROS)*. 2003

[39] A. Hacinecipoglu, E. I. Konukseven, A. B. Koku. *Pose Invariant People Detection in Point Clouds for Mobile Robots* in *International Journal of Mechanical Engineering and Robotics Research*. 2020

[40] X. Zhang, W. Xu, C. Dong, J. M. Dolan. *Efficient L-Shape Fitting for Vehicle Detection Using Laser Scanners* in *2017 IEEE Intelligent Vehicles Symposium*. 2017

Printed in the United States
by Baker & Taylor Publisher Services